赏珠宝　品文化

中国地质学会　主编

科学普及出版社
·北　京·

图书在版编目（CIP）数据

赏珠宝 品文化 / 中国地质学会主编 . —北京：科学普及出版社，2017.12

ISBN 978-7-110-09677-2

Ⅰ. ①赏… Ⅱ. ①中… Ⅲ. ①宝石—鉴赏 Ⅳ. ①TS933.21

中国版本图书馆 CIP 数据核字 (2017) 第 261879 号

策划编辑　秦德继　鲍　琳　薛红玉　吕　平　宋甲英
责任编辑　吴　微　刘　茜　马宇晨
封面设计　李文然
装帧设计　中文天地
责任校对　杨京华
责任印制　张建农

出　　版　科学普及出版社
发　　行　中国科学技术出版社发行部
地　　址　北京市海淀区中关村南大街16号
邮　　编　100081
发行电话　010-62173865
传　　真　010-62179148
网　　址　http://www.cspbooks.com.cn

开　　本　710mm×1000mm　1/16
字　　数　179千字
印　　张　12
版　　次　2017年12月第1版
印　　次　2017年12月第1次印刷
印　　刷　北京利丰雅高长城印刷有限公司
书　　号　ISBN 978-7-110-09677-2 / TS·135
定　　价　49.80元

中国地质学会系列科普图书总序

科普是以提高公民科学文化素质，实现人与社会、人与自然和谐发展为目的的全民终身科学教育。科普工作的主要内容是基本的科学与基本科学概念的普及，科学方法、科学思想与科学精神的传播。它的主要功能是通过提高公众的科学素质，使公众了解基本的科学知识，具有运用科学态度和方法判断及处理各种事务的能力。科普工作历来是党中央、国务院的重要战略决策，对推进经济社会全面协调可持续发展，建设社会主义和谐社会，实现全面小康的宏伟目标，有着十分重要的意义。

中国地质学会科普工作是学会的重要职能，多年来，我会坚持以全面提高公众科学素养为己任，不断夯实基础，创新思路，在中国科协、国土资源部的领导下和各省级地质学会、分支机构的大力支持下，坚持从实际出发，以国务院《全民科学素质行动计划纲要》为统领，不断健全和发展科普工作激励机制，积极探索将学术交流与科普活动有机结合的新途径，有效地推动了地学科普工作和地学文化建设。发展、锻炼和培养了一批科普宣传队伍；近年来，学会设立科普产品奖、开展了首批优秀科学传播专家团队和优秀科学传播专家的评选，推出了知名科普专家担任中国科学学科首席传播专家；设计研发了科普信息化平台，实现了与社会公众的无缝对接，为提高全民科学文化素质做出了贡献。

今后，中国地质学会将进一步探索新形势下的科普宣传途径，全力打造“互联网＋科普＋地学”的宣传模式，促进科普信息化工作再上新台阶；建立科普工作体系，培养科普人才，促进高层次科普人才成长；加强科普创作，提供优质科普内容供给；建立科普工作考核、奖励、监管机制。动员各方面力量广泛开展群众性、经常性的科普活动，提高公众对地学的认知度，促进公民科学素质建设目标的实现。出版地学科普系列图书是学会科普重点工作之一，加强科普原创能力，深化科普落地，力争每年可出版适合不同人群的科普作品1~2部，以满足地学爱好者需求，打造以地学科普为蓝本的全新形式，繁荣科普创作。

普及科学知识，提高公众文化素养，是实施科教兴国和可持续发展战略的重要措施，也是我会义不容辞的责任。同时，科普工作也是朝阳事业，是充满前途、挑战和希望的事业，我会将立足当下，着眼未来，抓住机遇，应对挑战，为建设创新型国家、为实现中华民族伟大复兴的中国梦做出贡献。

中国地质学会秘书长

朱立新

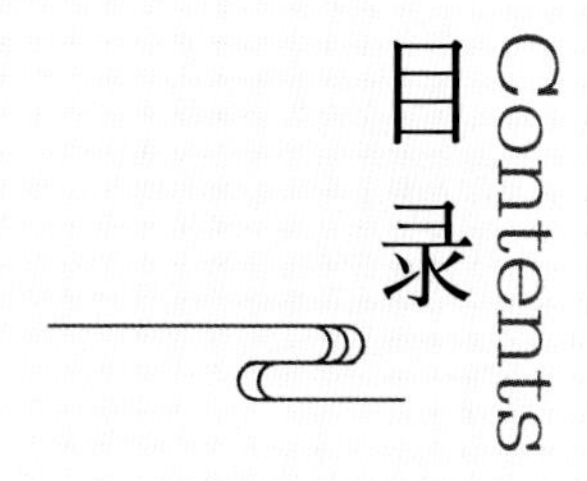

目录 Contents

| CHAPTER 1 |

第一章　庞大的宝石家族

一、钻石的浪漫忠贞 / 002
二、彩色宝石的缤纷世界 / 005
三、玉石的庞大族谱 / 012
四、有机宝石的小资情节 / 016

| CHAPTER 2 |

第二章　珠宝行业的专业术语

一、珠宝玉石的名称和种类 / 022
二、宝石的性质 / 026
三、日常鉴定小仪器 / 028
四、雕琢工艺 / 029
五、商业术语 / 034

CHAPTER 3

第三章　宝石的绚丽多姿

一、钻石 / 038
二、红宝石和蓝宝石 / 047
三、绿柱石族宝石 / 054
四、金绿宝石 / 060
五、碧玺 / 064
六、尖晶石 / 069
七、坦桑石 / 072
八、橄榄石 / 075
九、石榴石 / 077
十、托帕石 / 081
十一、水晶 / 083
十二、长石 / 090

CHAPTER 4

第四章　玉石的内敛沉稳

一、翡翠 / 096
二、和田玉 / 106
三、独山玉 / 112
四、岫玉 / 117
五、绿松石 / 119
六、青金石 / 120
七、欧泊 / 122
八、石英质玉石 / 124
九、孔雀石 / 127
十、印章石 / 128

| CHAPTER 5 |

第五章 有机宝石的优雅迷人

一、珍珠 / 134

二、珊瑚 / 139

三、琥珀 / 142

四、象牙 / 146

五、其他有机宝石 / 149

| CHAPTER 6 |

第六章 生辰石及纪念石

一、生辰石、诞生石 / 152

二、结婚周年纪念石 / 155

| CHAPTER 7 |

第七章 贵金属首饰

一、银饰 / 164

二、黄金 / 168

三、18K 金 / 170

四、铂金 / 172

五、贵金属印记解读 / 174

| CHAPTER 8 |

第八章 珠宝首饰的保养

一、佩戴时的呵护 / 180

二、清洗时的细心 / 181

三、收藏时的用心 / 182

四、意外时的精心 / 182

参考文献 / 183

CHAPTER 1

第一章

庞大的宝石家族

珠宝，珠宝玉石的简称，是一个十分庞大的家族，成员众多，传统的钻石、红蓝宝石、祖母绿、珍珠、珊瑚都是珠宝家族的成员。珠宝有着丰富的文化品德，或娇艳，或纯洁，或沉稳，或内敛，或刚硬，或柔美……诠释着珠宝家族令人不可抗拒的无穷魅力！

图 1-1　钻石戒指、彩色宝石戒指、珍珠项链、翡翠戒指

一、钻石的浪漫忠贞

钻石，世界上最为坚硬的天然矿物，由最简单、最纯粹的物质组成，象征着纯洁美好、璀璨永恒的爱情，被世人视为爱情和婚姻的信物。同时，钻石也是结婚七十五周年的纪念宝石以及四月的生辰宝石。

★坚硬&稳固

钻石的矿物名称为金刚石，俗称“金刚钻”，是目前已知宝石矿物中唯一由单质碳元素组成的晶体，摩氏硬度为 10，具有硬度大、耐高温、不导电、耐强酸和强碱腐蚀、化学性质稳定等特征。钻石还有一个“同族兄弟”，就是石墨，也就是人们最为熟悉的制作铅笔芯的材料。虽然，石墨也是由单质碳元素组成的矿物，但是由于二者内部结构不同，

图 1-2　钻石原石

物理化学性质也有所差别，最大的不同就是石墨的硬度低，摩氏硬度为1~2。钻石是已知的最为坚硬的宝石，经过切磨加工之后，有着耀眼而璀璨的光芒，故有“宝石之王”的美誉。

★形成&产地

根据测量橄榄岩中钻石所得结果，其年龄至少有30亿年。在地表之下120~200千米的地幔。火山喷发产生的熔岩流将含有钻石的岩浆带至地表或地球浅部，并附存在金伯利岩或钾镁煌斑岩中，形成钻石原生矿；或者含有钻石的金伯利岩或钾镁煌斑岩出露在地表，受风化作用的影响，沉淀于河流砂土之中，形成次生矿（砂矿）。钻石开采的过程往往十分的漫长和艰难，需要矿工深入地下开采或在砂矿中不断淘洗砂石，最终将钻石

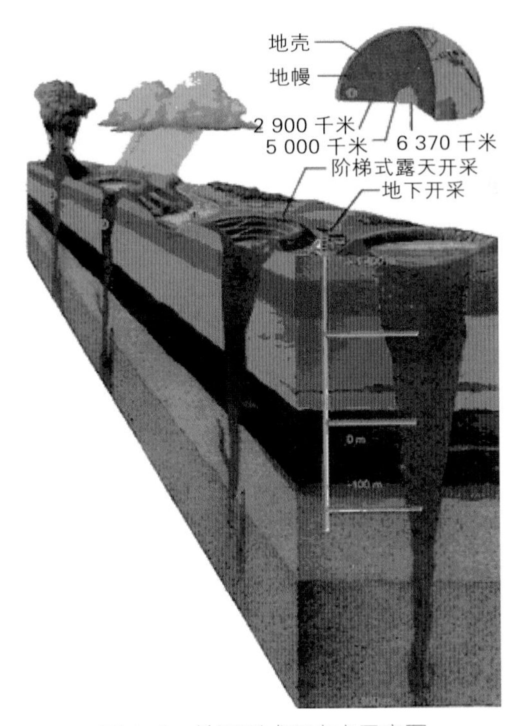

图 1-3　钻石形成及产出示意图

原坯呈现在世人的眼前。

钻石在世界很多国家和地区都有所产出，但是品质上乘的钻石却很少。钻石产量最多的国家是澳大利亚，其次是刚果，接下来是博茨瓦纳、俄罗斯、南非、纳米比亚、安哥拉；产出钻石总价值最高的国家是博茨瓦纳，其次是俄罗斯，依次为南非、安哥拉、纳米比亚、澳大利亚、刚果。

★神秘&浪漫

图 1-4　钻石

钻石的璀璨光华之中伴随着诸多的神秘、浪漫色彩，其与生俱来的魅力令人着迷。自人类于印度首次发现钻石以来，关于钻石的神秘传说、浪漫故事便不绝于耳。古希腊人曾认为，钻石是天空中坠落的星星碎片；也有人坚信钻石乃天神流下的泪水幻化而来；还有传说爱神丘比特的爱情魔法也与钻石有关，因为丘比特之箭的箭头为钻石所制，才具有俘获爱情的魔力……众多的美丽传说为钻石披上了一层梦幻、神秘、浪漫的薄纱。钻石仿佛一位无言的传情信使，为相爱的人传情达意、互诉衷肠，更是一份与挚爱相伴永恒的承诺。

★爱情&信物

图 1-5　钻石婚戒

钻石的英文名称 Diamond，来源于希腊单词 Ademas，有不可征服之意，象征爱情坚不可摧。钻石是目前为止人类所认识到的最硬的天然宝石，坚硬无比、历久弥新，经得起岁月与年轮的洗礼，被人们视为永恒爱情的最佳信物。

世界上第一枚钻戒诞生于公元1477年，是罗马帝国马克西姆林大公送给法国玛丽公主的求婚戒指，以黄金和钻石打造而成，从此便开启了以钻戒求婚的浪漫篇章。起初，这只是罗马时代的传统习俗，男女通过婚戒作为信物来公开婚约。后来被基督教徒所采用，婚戒也就开始成为西方婚礼中的重要信物。15世纪时期，钻戒才逐步地成为代表永恒盟誓的信物。试想，又有谁不想拥有如钻石般永恒、美好的爱情呢？

★权利&财富

钻石坚硬的特性，让人们认为是一种非凡能力的标志，因此它常被视为无上权利和尊贵地位的象征。15世纪时期，在欧洲只有君主才有资格佩戴钻石，以此代表至高无上的权利和地位，他们甚至认为，佩戴钻石就可以攻无不克、战无不胜。19世纪开始，钻石又成为财富的象征，被富豪和权贵们争相收藏。直到21世纪的今天，钻石走进了大众的视野，被人们所追捧和喜爱。从君主到权贵，从富商到大众，钻石以璀璨的光芒向世人展现着非凡的魅力。

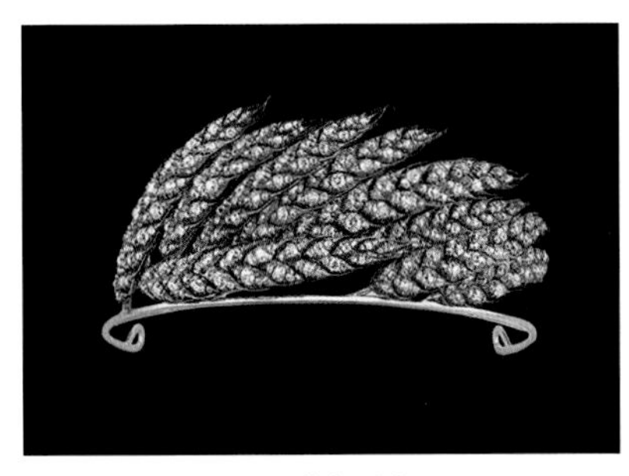

图1-6 “麦穗”冠冕

二、彩色宝石的缤纷世界

彩色宝石的种类多种多样，其最大特征是具有天然的颜色，被赋予了美丽、恒久和稀有的属性。在宝石家族中，钻石广为人知，彩色宝石一直为西方国家所偏爱，近几年，国内的宝石爱好者也渐渐接受这一“新鲜成员”。

★珠光宝气

彩色宝石，简称彩宝，也称为有色宝石，英文名称为 Colored Gemstone 或者是 Colored Stone，是宝石大家族中除钻石外所有有颜色宝石的总称。

彩色宝石通常具有玻璃般的光泽，晶莹剔透，深受大众喜爱。其中最贵重的彩色宝石，如红宝石、蓝宝石、祖母绿、猫眼石，与钻石并列为世界五大珍稀宝石，受到了许多人的追捧和收藏爱好者的喜爱。除此之外，还有许多种彩色宝石同样散发迷人的魅力。

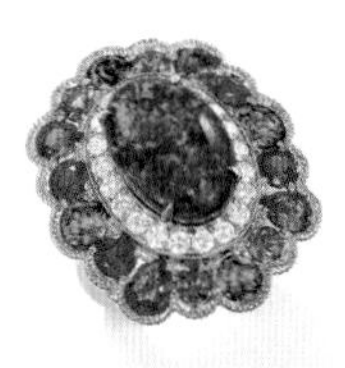

图 1-7　彩色宝石镶嵌类首饰

★色彩缤纷

具有天然的、丰富多彩的颜色是彩色宝石的最大特征，几乎自然界中所有的颜色都能在宝石中都能够找到。人类喜爱色彩的天性使彩色宝石在国际范围内日趋流行。

图 1-8　彩色宝石集锦

彩色宝石的色彩丰富迷人。很多彩宝都可以在大自然中一一找到对应。绿松石使人想到晴朗的天空；海蓝宝石似乎让人看到深邃的大海；橄榄石的颜色宛如雨后的草地；红宝石仿佛是燃

图 1-9　彩色宝石原石

烧的火焰。彩色宝石的颜色往往是眼睛能够感受到的最能打动人心的色彩。

彩色宝石还具有很强的个性化。每种宝石都是大自然精心孕育出的馈赠，都是独一无二的。即使是同一产地的两块同种宝石，其颜色也会略有差别。不同的消费人群可以根据个人性格和喜好，在不同种类、不同颜色、不同形状、不同大小、不同价位的彩色宝石中选择最适合的一种。正如“世界上没有两片完全相同的叶子”，同样很难找出两块完全相同的宝石。而且，彩色宝石种类之多，售价范围之广，给消费大众提供了广泛的选择。每种彩色宝石还被寄予了不同的寓意和美好的祝福，其在我们生活中也变得更加丰富多彩。

★品类众多

随着思想观念的改变，人们在购买首饰时，更加注重首饰的独特性，彩色宝石也随之有了个性化的分类。

传统经典宝石：红宝石、蓝色蓝宝石、祖母绿、彩色钻石。此类宝石历史悠久，在国际上被广为接受，受到高端人士的喜爱。在市场上，1 克拉级别以上的宝石价格非常高，质优者可达十万美元以上。

鉴赏家宝石：黑欧泊、变石、金绿宝石猫眼、帕拉伊巴碧玺、彩色蓝宝石、粉色托帕石、翠榴石。这类宝石比较小众，与传统经典宝石相比，在市场上较为少见。但往往为有实力且有眼力的鉴赏家所喜爱，1 克拉级别价格通常在数百美元至数千美元，特别的可达 10000 美元以上。

新经典宝石：碧玺、海蓝宝石、坦桑石、帝王托帕石、沙弗莱石。近年来，此类宝石逐渐流行，价格也明显高于时尚宝石，1 克拉级别价格通常在几十美元至几千美元。

图 1-10　红宝石戒指

收藏爱好宝石：尖晶石、锆石、月光石、摩根石及其他绿柱石。此类宝石的知名度和市场上可见度都较低，但一些收藏爱好者可能会对它们特别感兴趣。其价格一般以百美元计价，值得注意的是，优质尖晶石可以千美元计价。

时尚宝石：紫水晶、黄水晶、白欧泊、橄榄石、镁铝石榴石、蓝色托帕石、堇青石、铬透辉石、紫黄晶、紫锂辉石、红柱石、青金石、绿松石、缟玛瑙、绿玉髓、琥珀。其中多数的知名度以及市场的可见度较高、供应量充分，克拉数较大的单粒宝石也不是很难买到。其价格平易近人，1 克拉级别价格一般不超过 100 美元。

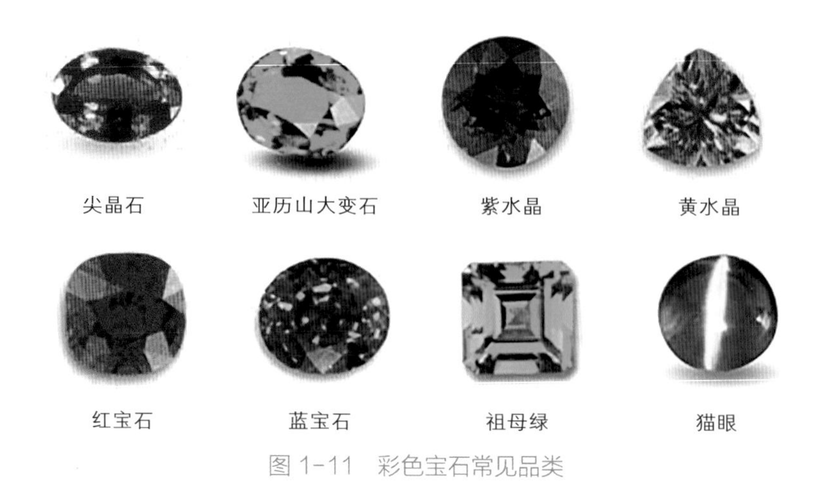

图 1-11　彩色宝石常见品类

★个性类别

彩色宝石不仅颜色丰富瑰丽，而且具有许多特殊的光学效应，使人眼前一亮。如果追求个性、与众不同，那么可以将彩色宝石作为首选。

彩色宝石由于其结晶时形成了特殊的内部结构，如所含的包裹体、双晶纹、晶格等结构缺陷，会产生光的干涉、衍射、散射等现象，宏观上来看就是一些特殊的光学效应。常见的光学效应包括猫眼效应、星光效应、变色效应、变彩效应、月光效应、砂金效应、晕彩效应等。

1. 猫眼效应

猫眼效应是指当平行光照射下，以弧面形切磨的珠宝玉石表面呈现的一条明亮光带，随着宝石或光线的转动而转动的现象。这条光带就像“猫眼”一样，所以称之为猫眼效应。这种现象是由宝石所含包裹体造成，其内部含有一组定向排列的针状、柱状或纤维状包裹体，排列方向平行于底面。若切割时，包裹体不与宝石的底面平行，那么眼线就会发生偏离。

常见的可以产生猫眼效应的宝石包括：红宝石、蓝宝石、祖母绿、金绿宝石、变石、海蓝宝石、紫锂辉石、月光石、碧玺、透辉石、矽线石、方柱石、磷灰石等。

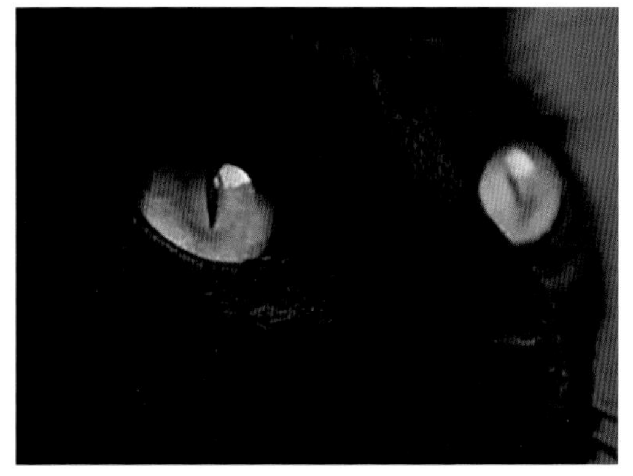

图 1-12　金绿宝石猫眼

小贴士

需要说明的是“猫眼”在作为一种宝石名称时仅指“具有猫眼效应的金绿宝石”，其他任何具有猫眼效应的宝石在称呼时，必须在“猫眼”二字之前加上宝石种类名称，比如具有猫眼效应的碧玺必须称为“碧玺猫眼”而不能直接称为“猫眼”。

2. 星光效应

图 1-13　六射星光蓝宝石戒指

星光效应是指当平行光照射弧面形珠宝玉石时，其表面会呈现两条或两条以上的交叉亮线，并且亮线随宝石或光源的移动而移动的现象。星光效应的产生和猫眼效应类似，也是由包裹体引起的，但是星光效应是由两组或两组以上定向排列的针状、柱状或纤维状包裹体所引起的。根据星线的数量，又可分为四射星光、六射星光或十二射星光。

常见可以产生星光效应的宝石：镁铝榴石、刚玉、石英、透辉石、尖晶石等。

3. 变色效应

变色效应是指在不同光源的照射下，宝石会呈现不同颜色的现象。以变石为例，在日光的照射下呈绿色，在白炽光的照射下呈紫红色，因此有“白天的祖

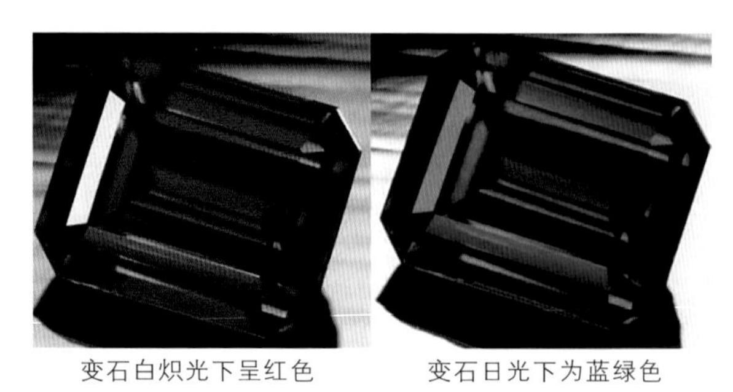

变石白炽光下呈红色　　变石日光下为蓝绿色

图 1-14　具变色效应的变石

母绿，夜间的红宝石”之称。其原因是：变石透过红光和蓝绿光的能力几乎相当，所以它的颜色主要取决于照射光源的成分。日光中蓝绿光的成分偏多，而白炽光中红光偏多，所以当它们照射到变石上时，分别使变石呈现出绿色和红色。

常见具有变色效应的宝石有：蓝宝石、锆石、变石、红宝石、碧玺、石榴石等。

4. 变彩效应

变彩效应是一种十分瑰丽神奇的光学现象，为欧泊所拥有。宝石在不同颜色的背景上会显示不规则的具有丝绸般光泽的色斑，不同的色斑之间有不同的条纹。当晃动宝石的时候，色斑的颜色会随宝石的转动而变化。其原因是欧泊特殊的内部结构对光的干涉、衍射作用，使其产生不同的颜色，且颜色随着光源或观察角度的变化而变化。

图 1-15　具变彩效应的欧泊

常见具有变彩效应的宝石是欧泊。

5. 月光效应

月光效应是指光源照射到弧面形珠宝玉石上，转动宝石在其表面见到一种波形的银白色或淡蓝色浮光，宛如月光。这种现象在长石类宝石最为常见。其原因是宝石内部的包裹体或特殊结构对光所产生的一种漫

图 1-16　具月光效应的月光石

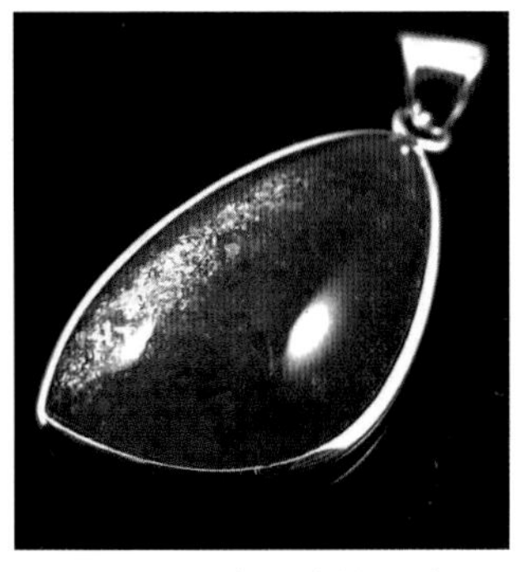
图 1-17　具砂金效应的日光石吊坠

反射效应。

常见可以产生月光效应的宝石是月光石。

6. 砂金效应

砂金效应是指光源照射某些透明宝石时，会呈现许多星点状闪亮的反光点，如砂金闪烁。其原因是透明宝石内部有许多不透明的浸染状分布的微细片状、鳞片状、粒状的固态色体，如云母片、黄铁矿、赤铁矿、小金属片等，对光产生反射，从而产生砂金效应。

常见可以产生砂金效应的宝石有：日光石、东陵石等。

三、玉石的庞大族谱

中国玉文化历史悠久、源远流长，在世界艺术文化史上都占有一席之地，折射出中国人民的智慧和伟大的创新精神。人们在采玉、用玉、雕玉、佩玉等方面有自己独到的见解和近乎完美的追求。中国被称为“玉的国度”，在中国人眼中，玉石已经超出了其作为装饰品的价值，它更是中国文化的另一种表达方式。不过需要指明的是，玉其实是一个广义的概念，并不单指某一个品类。玉拥有一个庞大的族谱，并且在世界各地都有产出。

★玉是什么？

什么是“玉”?《说文解字》中对玉有这样的描述:“玉，石之美者”，也就是说温润而有光泽的美石都可称为玉。我国珠宝玉石国家标准中对玉石的定义为:“天然玉石是由自然界产出的，具有美观、耐久、稀少性和工艺价值的矿物集合体，少数为非晶质体。”由此可知，玉石是一个宽泛的概念，玉是“玉石”的简称，玉是大类，包括和田玉、翡翠、独山玉、岫玉、青金石、玉髓等。

★家族成员

1. 翡翠

翡翠是一种矿物集合体，以硬玉或辉石为主要组成矿物，含有少量的角闪石、长石等其他矿物。因为缅甸的翡翠产量大且在国际上流传最为广泛，因此也有人称其为“缅甸玉”。买翡翠时，很关注它的“种”，如玻璃种、冰种、糯种、豆种等，其中以老坑玻璃种为最佳。翡翠的颜色也十分丰富，主要有白色（包括无色）、绿色、红色、黄色和黑色五大色系。

图 1-18　满绿玻璃种翡翠首饰套装

图 1-19　玻璃种翡翠项链

2. 和田玉

和田玉的主要组成矿物为透闪石，还含有阳起石、透辉石等其他矿物。根据国家标准《珠宝玉石　名称》规定，所有的软玉都称为和田玉，包括俄罗斯、韩国等和我国新疆、青海等产出的和田玉，其中以新疆和田地区的和田玉质量最好。根据软玉矿床的类型又可以分为：山料、山流水、仔料和戈壁料；

图 1-20　清乾隆　白玉马上封侯摆件

按照软玉的颜色来分，可以分成白玉（白色）、青玉（淡青绿色）、青白玉、墨玉（黑色）、糖玉（黄色）、花玉（有多种颜色）。

3. 岫玉

岫玉的主要组成矿物为蛇纹石，所以也叫蛇纹石玉，还含有方解石、滑石等其他矿物。我国辽宁岫岩的岫玉和广西陆川的岫玉都很出名，与和田玉、独山玉、绿松石并称为我国的“四大名玉”。岫玉产量较大，因此市场价格相对很低。

4. 独山玉

独山玉的主要组成矿物为斜长石和黝帘石，颜色相当丰富，主要有绿、蓝、黄、紫、红、白六种颜色，玉质坚韧微密，细腻温润，色泽斑驳。独山玉因其主要产于南阳市东北处的独山而得其名，是工艺美术玉雕雕件的重要玉石原料。

5. 绿松石

绿松石，是铜和铝的磷酸盐矿物采合体。因其颜色、形状似碧绿的松果而得名，也叫“土耳其玉”“突厥玉”。自新石器时代以来，历代文物中均不乏绿松石制品，可见绿松石被开采的年代之久，资源之丰富。绿松石的颜色从蓝、绿色到浅绿和浅黄色，颜色差异较大。其产地众多，不仅中国盛产绿松石，埃及、伊朗、美国、俄罗斯、智利、澳大利亚、秘鲁、南非等都有充足的矿藏储量。

图 1-21　岫玉摆件

图 1-22　独山玉摆件

图 1-23　绿松石摆件

6. 其他品类

玛瑙、玉髓、澳洲玉、碧石、东陵玉、密玉、木变石等都是属于石英质玉，其中玛瑙是“佛教七宝”之一，其与玉髓的区别是：玛瑙具有带状的环形条纹，而玉髓没有玛瑙的环形条纹。青金石、孔雀石也都属于“佛教七宝”，在佛教上被广泛运用，但在其他方面没有翡翠、和田玉的使用范围广泛；水沫子玉主要产于缅甸，其主要矿物成分是钠长石，也称为“钠长石玉”，是翡翠的伴生矿床，常被用来冒充优质翡翠。

图 1-24　青金石摆件

图 1-25　孔雀石摆件

图 1-26　南红玛瑙

图 1-27　玉髓

图 1-28　澳洲玉

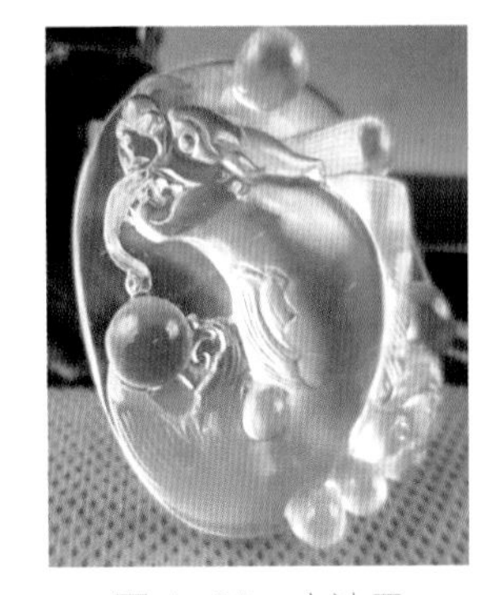

图 1-29　水沫子

★玉与翡翠是什么关系

一直以来人们把翡翠和玉混淆，不了解翡翠和玉的区别，一提起玉就认为是翡翠。例如：想买个翡翠手镯，却说成“想买个玉手镯”，结果很可能买到其他材质的手镯；或者错误地把“玉”理解为具体的其他某种玉石。玉有很多种类，包括翡翠、和田玉、岫玉、独山玉、黄龙玉等，而翡翠只是其中之一。简而言之，翡翠确定是玉，它是众多种类的“玉”中之一，但玉却不一定是翡翠。

四、有机宝石的小资情节

有机宝石高雅清新、光彩迷人。其光泽不似绚丽的钻石和彩色宝石，也不像温润内敛的玉石，但是其淡淡的、柔美的光华让人心生向往，给人一种淡然、闲适、质朴之感，是很多白领丽人、小资女孩的首选。

★何为有机宝石

有机宝石顾名思义，其组成成分需含有机物，皆由生物所衍生的。有机宝石的形成一般与动、植物等生物有关，如珍珠、珊瑚、琥珀、象牙、砗磲、煤精、玳瑁等。

值得注意的是，为了保护动物，实现人与自然的和谐相处，很多有机宝石是禁止买卖的，如象牙、玳瑁等。

小贴士

养殖珍珠（简称“珍珠”）虽然有部分人工因素，但养殖过程与天然相似，故也归于天然一类。

★种类丰富

1. 珍珠

珍珠由无机成分（主要为碳酸钙）、有机成分（主要为硬蛋白质）和水组成。根据不同的特征，可以将珍珠分为很多种类。按产珠的软体动物可分为海水贝中产出的珍珠、淡水河蚌产出的珍珠、海螺珠、鲍贝珍珠等；按成因可分为天然珍珠和养殖珍珠，按水域环境可分为淡水珍珠和海水珍珠；按产地可分为南洋珍珠、塔希提珍珠、中国珍珠、东方珍珠。

图 1-30　珍珠项链

珍珠是六月的生辰石，象征着健康、幸福、高贵和纯洁。珍珠具有瑰丽的色彩和高雅的气质，人们对它情有独钟，其湿润的光泽有着独特的美感。

图 1-31　大溪地黑珍珠戒指

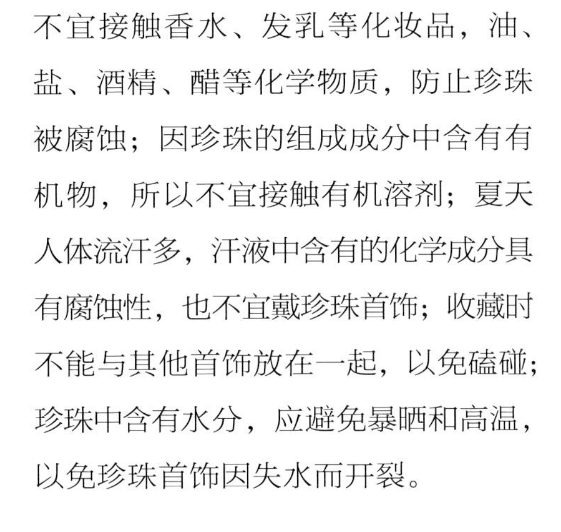

在日常生活中，佩戴珍珠需要注意：不宜接触香水、发乳等化妆品，油、盐、酒精、醋等化学物质，防止珍珠被腐蚀；因珍珠的组成成分中含有有机物，所以不宜接触有机溶剂；夏天人体流汗多，汗液中含有的化学成分具有腐蚀性，也不宜戴珍珠首饰；收藏时不能与其他首饰放在一起，以免磕碰；珍珠中含有水分，应避免暴晒和高温，以免珍珠首饰因失水而开裂。

2. 珊瑚

珊瑚是一种海底腔肠动物化石。根据成分可将珊瑚分为钙质型珊瑚和角质型珊瑚。根据颜色，钙质型珊瑚又可分为红珊瑚、白珊瑚和蓝珊瑚；角质型珊瑚又可分为黑珊瑚和金珊瑚。市场上，红珊瑚十分受大家喜爱。在商业

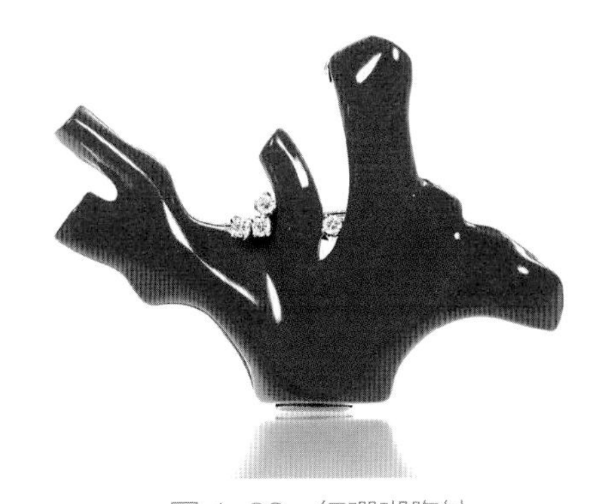

图 1-32　红珊瑚胸针

中红色至粉红色珊瑚系列又主要被分为阿卡珊瑚、沙丁珊瑚、莫莫珊瑚三种。

3. 琥珀

琥珀是松柏科植物的树脂滴落，掩埋在地下千万年，在压力和热力下石化形成，又称为“松脂化石”。油脂光泽，透明至半透明。根据成因将琥珀分为海珀、矿珀和砂珀。其中以波罗的海沿岸国家的海珀最受欢迎。其产出的海珀品质极佳、透明度高、质地晶莹。我国抚顺主要产出矿珀，与煤精伴生产于煤层中，缅甸也有产出矿珀。

据记载，琥珀“触感温润，质轻；古称作虎魄，有趋吉避凶、镇宅安神的功能”，作为“佛教七宝”之一的琥珀，更被佛教信徒视为吉祥之物。

琥珀的质量主要从颜色、块度、透明度以及内含物四个方面进行评价。琥珀常见的颜色为黄色，价值最高的是绿色和透明的红色，颜色越纯正，价值越高；块度越大，透明度越高，价值越高；琥珀中常含植物碎片以及昆虫，一般含昆虫的琥珀价值较高，昆虫的稀有程度、完整程度、形态、数量等都决定了琥珀的价值。

图 1-33　清琥珀开光花卉烟壶

4. 象牙

象牙的主要组成成分是磷酸盐、胶质蛋白和弹性蛋白。其横截面可呈现两组交叉纹理线组成的菱形图案，称之为旋转引擎纹或者勒兹纹理线。狭义的象牙专指大象的牙齿，可分为亚洲象牙和非洲象牙两类。市场上，还有很多与象牙相似的材料，如河马牙、一角鲸牙、抹香鲸牙、海象牙、疣猪牙、骨刺品、棕榈坚果以及猛犸象牙等。

象牙制品保存时，环境应保持恒温并放上防蛀药块，不可放在有风的地方。存放象牙制品的环境的相对湿度应维持在 55%~60%，防止其

图 1-34　猛犸象牙龙舟摆件

体积也会随之膨胀或收缩。

5. 砗磲

砗磲也叫车渠，其主要组成成分是碳酸钙，还含有少量的壳角蛋白和水。沈括在《梦溪笔谈》中记载“海物有车渠，蛤属也，大者如箕，背有渠垄，如蚶壳，攻以为器，致如白玉，生南海”，指砗磲壳大而粗糙，具有隆起的放射肋纹和肋间沟，质地好的可如白玉。砗磲是“佛教七宝”之一，古人认为砗磲有驱邪保平安和改善风水的作用。

图 1-35　砗磲手串

6. 煤精

煤精也称煤玉，古人称之为石墨精。煤精实际上是古代树木埋藏于

图 1-36　煤精雕件

地下，经过长期的地质作用而形成的一种煤。但是相比于普通的煤，其质地坚硬，结构细腻，比煤黑而亮，稍轻于煤，并且不污手。“天下第一岳父”独孤信的印章就是由煤精制成，该印章共有二十六个印面，现藏于陕西历史博物馆。

7. 玳瑁

玳瑁俗称“十三鳞”“长寿龟”，在中国古代神话里被称为玄武，与青龙、白虎、朱雀并称为“四大神兽”，被视为祥瑞、幸福之物。玳瑁晶莹剔透、高贵典雅，素有“海金”的美誉。

玳瑁背部的鳞甲可作为装饰品。成年玳瑁的甲壳是鲜艳的黄褐色。玳瑁饰品易蛀，难保存，清代晚期以前制作的玳瑁至今已很难见到。汉代著名诗篇《孔雀东南飞》中就有“足下蹑丝履，头上玳瑁光”的诗句。但是需要注意的是，玳瑁是国家重点保护的野生动物。

图 1-37　玳瑁雕人物盖盆

小贴士

以上的有机宝石品类中，象牙和玳瑁是属于国家级保护动物，因此不允许买卖和交易，没有买卖就没有杀戮，建议大家只是作为欣赏和了解，收藏购买珠宝的同时，切勿触犯国家法律。

CHAPTER 2
第二章
珠宝行业的专业术语

珠宝行业是近年来的一个热门和新兴行业，随着时代的发展，被越来越多的人所关注。然而，要了解一个行业，熟知相关的行业语言一定是必不可少的，行业语言就如同一块指路牌，带你直达到珠宝行业的大千世界，让你领略到珠宝的魅力！

一、珠宝玉石的名称和种类

日常生活中，同一种宝石往往有几种不同的名字。有的根据产地命名，有的根据音译命名，有的根据特殊的历史事件命名，有的不法商家为牟取暴利混淆视听，给价值较低的宝石起一个和价值较高的宝石相近的名字等。

目前，珠宝专业上的珠宝玉石名称，以我国的国家标准为准，其中《珠宝玉石　名称》明确规定了珠宝玉石的正确命名规则。

★天然宝石

直接使用天然宝石基本名称或其矿物名称。无需加“天然”二字；产地不参与定名；不应使用由两种或两种以上天然宝石及名称组合定名某一种宝石；不应使用易混淆或含混不清的名称定名。

★天然玉石

直接使用天然玉石基本名称或其矿物（岩石）名称。在天然矿物或岩石名称后可附加“玉”字，无需加“天然”二字，“天然玻璃”除外；

不应使用雕琢形状定名；某些带有地名的天然玉石基本名称，不具有产地意义，如“寿山石”。

★天然有机宝石

直接使用天然有机宝石基本名称，无需加“天然”二字，“天然珍珠”“天然海水珍珠”“天然淡水珍珠”除外。养殖珍珠可简称为“珍珠”，海水养殖珍珠可简称为“海水珍珠”，淡水养殖珍珠可简称为“淡水珍珠”。产地不参与定名。

★合成宝石

应在其所对应天然珠宝玉石名称前加“合成”二字，如“合成红宝石”“合成祖母绿”等。不应使用生产商、制造商的名称直接定名；不应使用易混淆或含混不清的名称定名；不应使用合成方法直接定名；再生宝石应在对应的天然珠宝玉石基本名称前加“合成”或“再生”。

★人造宝石

必须在材料名称前加“人造”二字，“玻璃”“塑料”除外；不应使用生产商、制造商的名称直接定名；不应使用易混淆或含混不清的名称定名；不应使用生产方法直接定名。

★拼合宝石

在组成材料名称之后加“拼合石”，如“蓝宝石、合成蓝宝石拼合石”，或在其前加“拼合”；可逐层写出组成材料名称；可只写出主要材料名称。

★再造宝石

在所组成天然珠宝玉石名称前加“再造”二字，如“再造琥珀”等。

小贴士

天然宝石和玉石的产地不参与定名，如“南非钻石”“缅甸蓝宝石”等。禁止使用含混不清的商业名称，如“蓝晶”“绿宝石”“半宝石”等。

合成宝石和人造宝石禁止使用生产厂、制造商的名称直接定名，如“查塔姆（Chatham）祖母绿”“林德（Linde）祖母绿”等。

★具特殊光学效应的珠宝玉石

猫眼效应可在珠宝玉石基本名称后加“猫眼”二字，如“磷灰石猫眼”“玻璃猫眼”等。只有“金绿宝石猫眼”可直接命名为“猫眼”。

星光效应可在珠宝玉石基本名称前加“星光”二字，如“星光红宝石”“星光透辉石”。

变色效应可在珠宝玉石基本名称前加“变色”二字，如“变色石榴石”。只有具有变色效应的金绿宝石方可直接命名为“变石”；如果金绿宝石同时具有猫眼和变色效应，则可直接命名为“变石猫眼”。

小贴士

除星光效应、猫眼效应和变色效应外，在珠宝玉石中所出现的所有其他特殊光学效应（如砂金效应、晕彩效应、变彩效应等）定名规则为：特殊光学效应不参加定名，可以在备注中附注说明。

★优化处理的珠宝玉石

优化处理指除切磨、抛光以外，用于改善珠宝玉石外观（颜色、净度或特殊光学效应）、耐久性或可用性的所有方法。分为优化和处理两类。其中优化是指传统的、被人们广泛接受的、使珠宝玉石潜在的美显示出来的优化处理方法。处理是指非传统的、尚不被人们接受的优化处理方法。

优化的宝石可以直接使用珠宝玉石名称，在珠宝玉石鉴定证书中可不附注说明。处理的宝石应在所对应珠宝玉石名称后加括号注明“处理”二字或注明处理方法，如“翡翠（处理）”“翡翠（漂白充填）”；也可在所对应珠宝玉石名称前描述具体处理方法，如“扩散蓝宝石”。

小贴士

经处理的人工宝石可直接使用人工宝石基本名称定名。

★市场上宝石叫这名，您还认识它吗？

市场上有些宝石还有一些别称，很容易混淆视听，下面我们来举几个例子。

翠榴石，即钙铁榴石还叫作阿勒泰祖母绿；

商家经常说的澳宝其实是欧泊；

产于澳大利亚的绿玉髓还称为澳洲玉、英卡石；

一种B货翡翠还称为八三玉；

碧玺的矿物学名称为电气石，除此之外还叫作碧硒、碧霞玺；

合成祖母绿根据不同的制造公司被称为查塔姆祖母绿、吉尔森祖母绿、林德祖母绿等；

有人将并不是翡翠的仿翡翠矿物，如染色石英称为D货翡翠；

某些和田玉可根据产地命名，如俄料（产于俄罗斯）、韩料（产于韩国）、青海料（产于中国青海）；

蓝晶石因不同方向的硬度明显不同，也称二硬石；

萤石也称氟石；

合成立方氧化锆也称为苏联钻，有些商家误称为锆石；

红色尖晶石因和红宝石相似，也称为大红宝；

在中国古代，琥珀也称为虎魄、兽魄、育沛、顿牟、江珠、遗玉、瑿珀（黑色品种）；

某些商家将葡萄石称为绿碧榴；

某些商家将绿宝石误称为祖母绿；

合成碳硅石的商业名称被称为美国钻、碳化硅、莫桑石、美神莱；

某些产于中国台湾、印尼、美国的蓝玉髓被称为台湾蓝宝石；

产于俄罗斯、斯里兰卡的变石被称为亚历山大石或紫翠玉；

亚马逊石其实是天河石；

商业上常说的紫牙乌或子牙乌其实是石榴石。

二、宝石的性质

了解宝石的一些性质，不仅可以更好地欣赏它的美，同时可以帮助鉴别一些相似的品类。

★颜色

宝石的颜色是宝石对波长为 400~700 纳米的可见光波进行选择性吸收后，透射和反射出的光波的混合色。也就是大家肉眼观察到宝石的颜色。

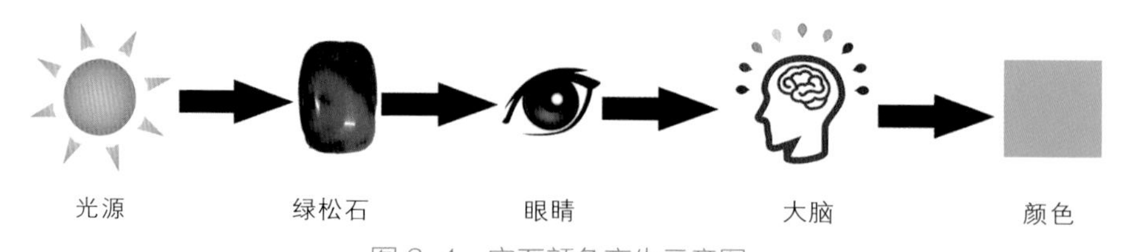

图 2-1　宝石颜色产生示意图

★透明度

宝石的透明度是指宝石允许可见光透过的程度，大致划分为：透明、亚透明、半透明、微透明、不透明五个级别。

★光泽

宝石的光泽是指宝石表面反射光的能力。宝玉石常见的光泽主要有金刚光泽、玻璃光泽、油脂光泽、树脂光泽、珍珠光泽、丝绢光泽和蜡状光泽等。

★硬度

宝石的硬度指宝石抵抗外来压入、刻划或研磨等机械作用的能力。常用的是相对硬度，指宝石与规定的标准矿物比对得出的相对刻划硬度，常用摩氏硬度来表示宝玉石的相对硬度，如钻石的硬度为 10、红蓝石的硬度为 9。

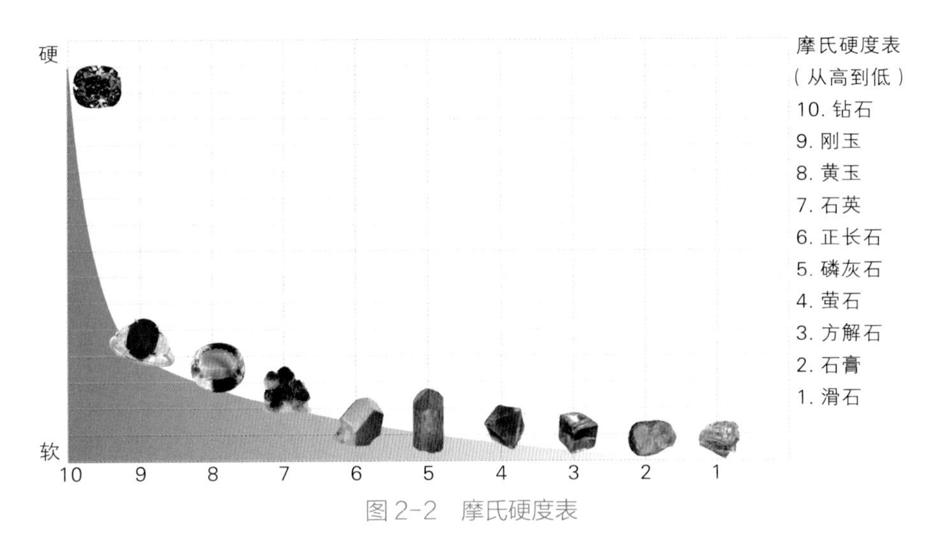

图 2-2　摩氏硬度表

★韧度

韧度是指物质抵抗打击撕拉破碎的性能，与脆性近似对应。常见宝石的韧度从高到低的排序为：黑金刚石、和田玉、翡翠、刚玉、金刚石、水晶、海蓝宝石、橄榄石、绿柱石、黄玉、月光石、金绿宝石、萤石。

★断口

宝石受外力作用随机产生的无方向性不规则的破裂面称为断口。常见有贝壳状断口、不平坦状断口、土状断口等，可作为鉴别宝石的辅助特征，如水晶呈贝壳状断口、质量较差的绿松石呈土状断口。

★比重

比重，也称相对密度，指宝石的质量与同体积 4℃水的质量的比值。在判别珠宝玉石的品类时，可以通过手垫比重的方式，作为辅助判别方法。

小贴士

硬度、韧度、断口等特征在鉴别中应用时，注意其无损性，在保证宝玉石完好的条件下，观察其外部及内部特征，通过宝石表面划痕、破口等细节判断宝石的类别。

三、日常鉴定小仪器

在日常的珠宝鉴别中，有三种鉴定小仪器，不仅可以随身携带，同时使用简易，十分适合珠宝爱好者日常使用。

★手电筒

常用的珠宝手电筒主要有笔式手电筒（黄光）、白光手电筒、强光手电筒及紫外线手电筒等。其中，笔式手电筒（黄光）和白光手电筒多用于宝玉石的内外部特征的照明和观察；强光手电筒多用于大块玉石成品或玉石原石的照明和观察；紫外线手电筒多用于观察宝玉石的发光性特征（荧光、磷光）。

★ 10 倍放大镜

10倍放大镜可以放大观察的视域，以利于观察宝石的各种特征（内含物、结构、表面特征、切工质量等），帮助判断宝石的类别及其品质优劣。

★镊子

宝石镊子是一种尖头的夹持宝石的工具，内侧常有凹槽或“#”纹以夹紧和固定宝石，可根据尖端的大小不同分为大、中、小号，还可分为带锁和不带锁两种，多适用于宝玉石未镶嵌的裸石的夹持与观察。

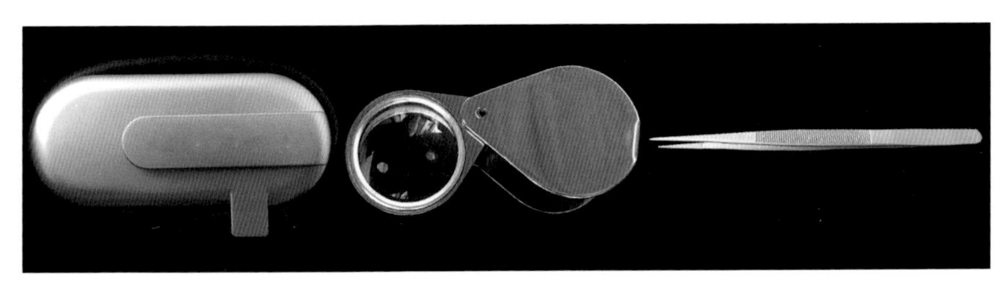

图 2-3 手电筒、10 倍放大镜、镊子

四、雕琢工艺

珠宝的雕琢工艺包含两层含义：一是宝石的切割、琢磨工艺；二是玉石的雕刻工艺。

★宝石的切工

一颗宝石的闪耀，除了其本身的颜色、质地要好，净度高，切工是其重中之重。切工，也就是宝石切割的过程，就是将宝石原石转变成刻面或素面宝石的过程。通过这一过程使宝石具有一定的形状、赋予其光彩与色泽，从而镶嵌于珠宝中。自然的奥秘与切工匠的艺术手段相结合，使每件宝石成为独特的工艺品。

圆形明亮式切工

图 2-4　圆形明亮式切工

标准的圆形明亮式加工拥有 57 或 58 个刻面。台面刻面通常是钻石面积最大的刻面，经它聚集的光线从上方射入宝石内部，然后反射至观察者的眼睛或是继续射入钻石的内部。切割的刻面聚集并散射光线，形成亮度、火彩及闪光的明暗模式。明亮式切工主要用于钻石的切割，可以最大限度地展现钻石的火彩和亮度。

祖母绿切割

祖母绿切割的宝石从顶部观察是 4 个角被截走的长方形，亭部呈阶梯状，一般分为 3~6 层。这种切割方法起初专门为祖母绿设计。

图 2-5　祖母绿切割

榄尖形切割

榄尖形切割的宝石看起来更像一个椭圆，但两边是突出的尖状，像是一个橄榄球，因为像是纺锤，所以也称为“纺锤”形。榄尖形切割的长宽比一般为 2:1。

图 2-6 榄尖形切割

公主方式切割

公主方式切割也被称作“方钻”切割，这是圆钻形切割的一种变形。公主方式切割给人以高贵之感，很多人因为它的名字对公主方式切割情有独钟。

图 2-7 公主方式切割

心形切割

心形切割宝石是一种顶部有缝隙的梨形切割方式的变形。心形切割宝石的长宽比稍超 1∶1，约为 1.1∶1，长度大于宽，但是比例一般不会超过 1.2∶1。心形为爱的代表，很多情侣会选择这种切割方式来表达心意。

图 2-8 心形切割

异形切割

图 2-9　异形切割

宝石设计师们希望通过切工使刻面宝石更加璀璨明亮，同时也满足各种消费者的不同需求，他们设计出了各种不同形状的切工，例如四叶草形、百日红形、星形等各种各样的切割形状。大部分新设计的切割形状都是标准圆钻形的变形。目的是为了创造出使宝石更为璀璨迷人的切割形状。

千禧切割

千禧切割方式是由罗吉奥·格拉卡于 1999 年左右首创的，拥有令人难以置信的 1000 个刻面，切割出来的宝石十分瑰丽，以此作为面向新世纪的独特挑战。

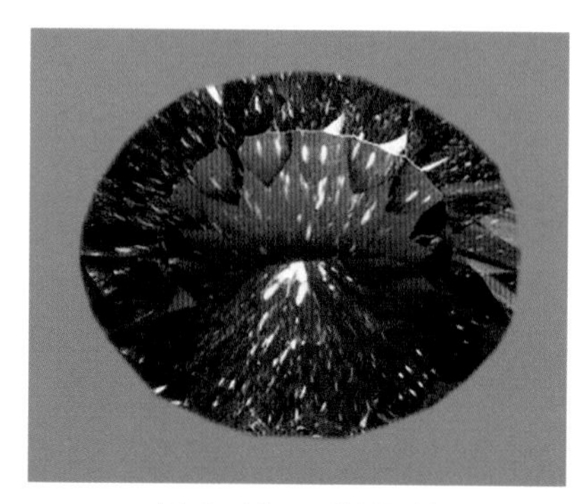

图 2-10　千禧切割

★玉石的雕工

玉文化是中国传统文化的一个典型代表。儒家遵从“君子比德如玉”；“君子无故，玉不去身”的观念；《管子·水地》中记载：“夫玉之所贵者，九德出焉。夫玉温润以泽，仁也；邻以理者，知也；坚而不蹙，义也；廉而不刿，行也；鲜而不垢，洁也；折而不挠，勇也；瑕适皆见，精也；茂华光泽，并通而不相陵，容也；叩之，其音清抟彻远，纯而不淆，辞也”；东汉许慎的《说文解字》中记载：“玉，石之美者有五德。润泽以温，仁之方也；䚡理自外，可以知中，义之方也；其声舒扬，专以远闻，智之方也；不挠而折，勇之方也；锐廉而不忮，洁之方也”。

图 2-11　玉雕作品

制玉（治玉，或是琢玉、碾玉、碾琢玉、雕玉）：在新石器初期，就出现了石器的磨制技术，这项技术催生了以石器为主的制玉技术，此后制玉技术不断发展。

开玉：玉石原石的外表皆有皮，开玉指使用开料机，在较好的保留籽料原石外皮的前提下，将原石切割成理想的形状和大小。

相玉：琢玉工艺过程之一。璞玉到玉器的过程，第一步就是“相玉”。“相”即是“看”的意思，根据玉石的内在质量和外形的优劣，确定雕刻作品的题材，构思玉器的形象。

划活：琢玉工艺过程之一。用笔墨线条，把构思的形象在玉料上划（画）出来，在琢玉工艺中是关键的一环。

琢磨：琢玉工艺过程之一，指玉器的具体制作。因为玉石硬度相对较高，琢磨工具硬度应大于玉石的硬度，须以铁制的铊为工具，以水和金刚砂为介质，经过铡、錾、冲、压、勾、顺等工艺琢磨而成。此过程还可分为粗雕、细雕和精细调整三个部分。

碾磨：琢玉工艺过程之一，也叫“光亮”“抛光”。在琢磨后的玉件粗糙部位以氧化铬等一些化学粉剂原料为介质，用紫胶、木、葫芦、牛皮及铜制的铊子为工具碾磨平整。碾磨后的玉件圆滑明亮、温润光洁。

掏膛：有些玉器需要将内部掏空，如瓶、盂、碗、杯等。掏膛工具为钢卷筒，掏后玉件中心必须留有一根玉柱，然后用小锤将其击碎。有些玉件口小而膛大，可再用弯的扁锥头掏其膛。

上花：指在玉器外面雕琢各种花纹的图案。一般用边薄似刀的小圆钢盘（名丁子）去雕刻或小钢砣（名轧砣）去磨冲。在工具尺寸大小方面并没有具体要求，使用时方便即可。

打眼、钻孔：这两种工艺使用的工具、原理和设备基本一样。打出来的孔直径小于 2 毫米叫打眼；孔的直径在 2~6 毫米为钻孔。

找（开）脸：这一工艺主要用于雕刻人像。指在原料的理想地方上做成面相，俗称“找脸”。

镶嵌：玉器中的镶嵌是指将与主体玉石材质不同的材料镶嵌在玉石上，如果将金镶嵌在玉石上则称为“金镶玉”。此种技术在玉雕中主要表现为压丝和嵌宝两种形式。压丝是指将金银丝嵌入玉器表面的勾槽中，金银丝与玉器表面在同一水平面上；嵌宝是指将其他宝石嵌入玉器槽内，被嵌入的宝石一般会高出玉器表面。

五、商业术语

都说“隔行如隔山”，为什么呢？因为每一行都有不同之处。就以“行话”来讲，每个行业都有自己的行话，这行话就像我国各地方言一样，南北两地相差甚大。所以说，每个行业的行话说出来外行业者未必都能明白。了解一些行话术语对珠宝爱好者颇有益处。

★有关价格方面的行话

购买珠宝玉石商品，谈到价格时，我们经常听到“小四”“中五”“大三”这样表述，那么这些词语都是什么意思呢？这里“小”“中”“大”指的是价格数值最高位的数字：最高位为1、2、3时称之为“小”；最高位为4、5、6时称之为“中”；最高位为7、8、9时称之为“大”。后面的数字指的是价格的位数。如：“小四”价指1000~3999元；“中四”价指4000~6999元；“大四”价指7000~9999元，以此类推。

★赌石

“赌石”是指购买被风化皮包裹的翡翠或者部分被切开露出一部分翡翠的原石。在这种情况下购买翡翠原石比较冒险，“赌”性浓烈、刺激性强、风险大而利润高，吸引了很多人参与其中。但是“赌石”不仅需要专业的知识、丰富的经验、极佳的眼力，还需要凭一点运气，所以有“一刀穷，一刀富，一刀穿麻布”的言论。在“赌石”过程中也有很多行话，如“不怕大裂怕小绺”“宁赌色不赌绺”。

★商贸用语

捡漏：指以相对较低的价格买进了品质超出其购买价格的珠宝。

走眼：指把赝品看成了真品。

掌眼：指请其他人帮忙鉴定鉴赏珠宝玉石的真假好坏。

包浆：指器物表面长时间氧化形成的近于油脂的光泽，现在很多人经常用手摩擦使其产生包浆。

断代：鉴别一件古玉时，除了要鉴定其材质的真伪，还要对其制造年代进行鉴别，断代难度极大，需要相当丰富的经验和扎实的专业知识。

作旧：把新的作伪成旧的，就是把新玉器做成古玉器的效果。

交学费：指高价买入仿造品或者人工处理过的珠宝玉石，或以高价购买低价值的珠宝玉石所花费的冤枉钱。

一手走：将这批货物好的带坏的一起卖，也称作“一脚踢”“一枪打”等。

拦一道：抬高竞买者的价钱抢先买来，对手就说他被拦一道。

天价：指价格高出市场价很多。

行价：成交的价格利润很低，有时甚至低于成本价格。

绷价：坚持要高价，想卖个好价钱。

品相：指玉器的品质。

绺裂：玉料里面的裂纹称绺，表面的裂痕称裂，合起来为绺裂，泛指玉料上的裂纹。

沁色：并非玉器本身的颜色，而是玉器在埋藏的环境中受到其他物质侵蚀而使其颜色发生变化，常见的沁色有铁沁、血沁、土沁、松香沁、水沁、朱砂沁、水银沁、铜沁等。

CHAPTER 3 第三章 宝石的绚丽多姿

宝石这个庞大的家族，神秘而多姿，色彩绚丽，让人着迷，从钻石的纯净无瑕到红宝石的炽烈似火，让人目不暇接。宝石的多姿世界向世人展示着不可替代的美，震撼人心，尤其是世界五大珍贵宝石：钻石、红宝石、蓝宝石、祖母绿和金绿宝石。

一、钻石

钻石，矿物名称为金刚石，是自然界硬度最高的物质，也是宝石界里最受大众喜爱的一个品类。钻石是宝石中唯一一种由单元素碳组成的晶体矿物，它因具有坚硬、纯净的性质而吸引了很多消费者的眼球。

图 3-1　钻石

★宝石中的“皇帝”

世界钻石巨头德比尔斯公司的经典广告语——“钻石恒久远，一颗永流传”，现在可谓人人皆知。人们认为钻石的纯净与质感可以代表爱情的纯洁永恒与忠贞不渝，所以钻石历来受到人们的青睐，属于高档宝石，被形象地誉为宝石中的“皇帝”。

★钻石品质评价——4C

世界很多国家都制定了评价钻石品质的标准，现在世界公认的评价标准是美国宝石学院（GIA）制定的。我国也制定一套标准，这套标准从克拉重量（Carat Weight）、颜色（Color)、净度（Clarity）和切工（Cut）四个方面进行评价，行业中习惯将此称为“4C”评价标准。

1. 克拉重量（Carat Weight）：50 分以上性价比更好

克拉重量就是钻石的重量。克拉是一个重量单位，可简写为 ct，1 克拉可分为 100 分，“分”也是一个重量单位，可写作 point，规定：

1 克拉 =0.2 克 =100 分

钻石多以克拉为单位进行计价，一般情况下，钻石价格约与其重量的平方成正比，但这种估价方法对高品质的钻石较为适用，对品质较低的钻石适用性较差。但是由于整数克拉更受欢迎，所以存在克拉溢价现象。在国际钻石交易市场中，经常使用国际钻石报价表（Rapaport Diamond Report）作为依据，该报价表将钻石分为不同的重量级别，处于同一重量级别，且颜色和净度评价标准相似的钻石每克拉价格一样，但不同的重量级别的价格却明显存在差别，可出现台阶式的突变。例如 2017 年 3 月，一颗 D 色，IF 级，重量在 0.30~0.39 克拉的标准圆钻在报价表中为每克拉 4000 美元，而一颗 D 色，IF 级，重量在 0.40~0.49 克拉的标准圆钻的价格为每克拉 4600 美元。而且重量越大，不同级别间的溢价台阶就越大。

小贴士

重量这块儿，选购钻戒其实有个小窍门，那就是买前要先定下克拉数，起码得有个大致的概念，这样挑选的时候比较有针对性。此外，如果经济允许的条件下，建议选择 50 分以上的钻石，因为 50 分以上的钻石保值性更好。

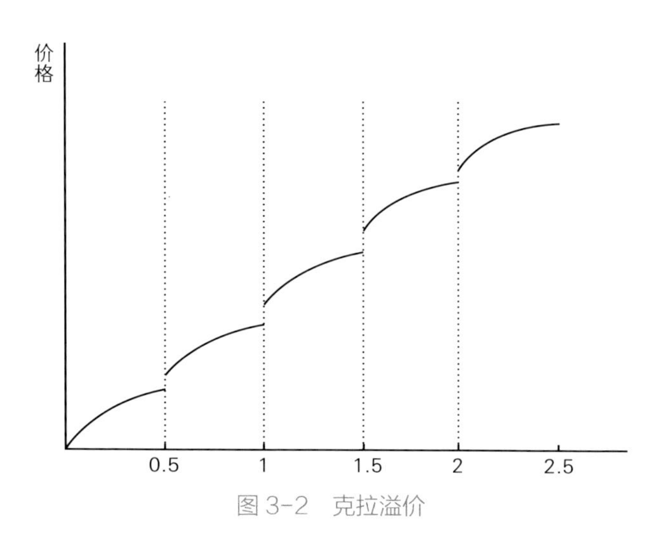

图 3-2　克拉溢价

2. 颜色（Color）：建议选择 I 级以上

基于行业习惯，钻石根据颜色可划分为两个系列，一个常被称为彩钻系列（Fancy Colour Diamonds），指带有颜色的钻石，如红色、蓝色、紫色和棕色等。彩色钻石相比较无色钻石较为稀少，所以在价值上也相对较高。另一个系列是无色钻石，要求越是无色，价值越高。但是由于钻石中或多或少含少量的杂质元素，所以此系列的钻石常常带有少许黄色色调。根据钻石所带黄色调的多少将无色系列钻石的颜色分为不同的级别。目前国际国内通用的颜色分级是按照 GIA 制定的标准，从英文字母“D”开始，按 D、E、F、G、H、I 等一直到 Z。完美无色的钻石被认为是最完美的白钻，非常罕见。

图 3-3　钻石颜色示意图

小贴士

如果是作为钻戒上的主钻，建议最好选择在 I 色以上的颜色，即 D、E、F、G、H、I。尽管挑选钻石时对颜色级别的要求不需要太高，I 色以下的钻石用肉眼可看出明显的黄色调，不推荐购买。

3. 净度（Clarlty）：建议选择 VS 级别以上

钻石原石在形成过程中，不可避免地会受到各种外来因素的影响，形成一些天然特征，如固态包体、气泡、裂隙等，在加工过程中也会形成抛光纹、烧痕等。净度是指钻石纯净无瑕的程度，即瑕疵的可见度。目前国际国内通用的净度分级是按照 GIA 制定的标准，主要分为 FL、IF、VVS、VS、SI、I 等。瑕疵可见度越少越好，一般都在 10 倍放大镜下观测，从而对其净度进行判断。

小贴士

建议购买 VS 级别以上的钻石，这样钻石的瑕疵肉眼看不到，性价比较高。

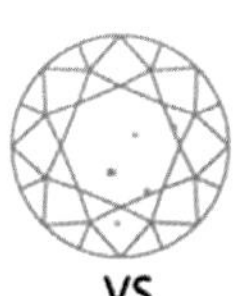
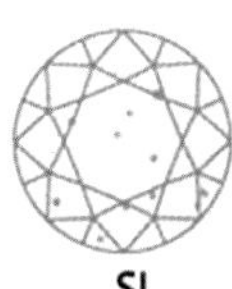
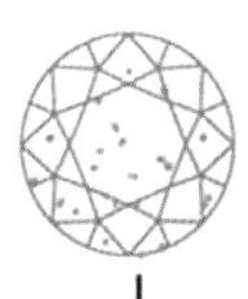

图 3-4　钻石净度示意图

4. 切工（Cut）：钻石品质好坏的关键

除了重量、颜色、净度，影响成品钻石外观的另一个重要因素就是切工，指切磨钻石的形状、比例和修饰度。切工主要影响钻石的光泽、亮

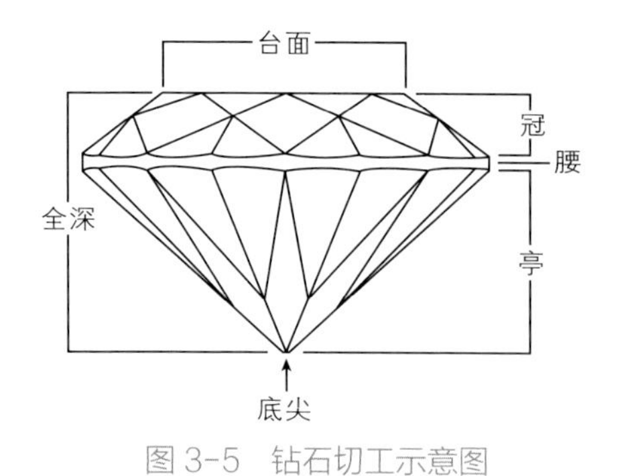

图 3-5　钻石切工示意图

度、火彩和闪烁，理想的切割比例可以使钻石这四者得到合理的平衡，将钻石的美最大限度地展现。现在国际上对钻石切工的评价通常按照 GIA 制定的标准，其等级从好到次依次为 EX（极好）、VG（非常好）、G（好）、F（一般）、P（差）。人们常说的 3EX 切工指的是切割比例、对称性以及抛光都达到了极好（EX）的水平。

小贴士

建议挑选切工优良的钻石，推荐 3EX。

5. 4C 之外的细节——荧光

挑选钻石的学问是非常大的，除了要清楚 4C 问题，还要清楚很多细节性问题，其中一个需要注意的就是：钻石的荧光。

荧光是指钻石在强烈紫外线下会发出的蓝光或者黄光等有色光的现象。大多数的钻石或多或少都会有荧光，荧光颜色不仅有蓝色，还有黄色、橙黄色、粉色等。

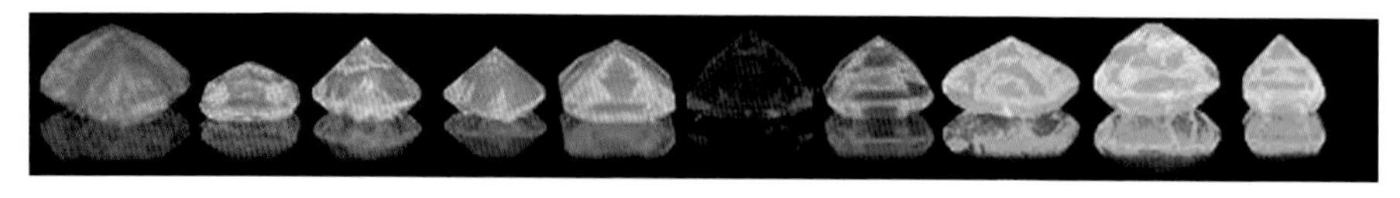

图 3-6　钻石荧光颜色

钻石的荧光有强有弱，GIA 标准级别由低到高分别是：none（无）、faint（微弱）、medium（中等）、strong（强）等级别。钻石的荧光如果是微弱荧光的话，对其颜色和品质的影响是较小的，而且在自然光线下用肉眼无法分辨出来是否有荧光。但是荧光越强的话则对钻石颜色级别较高的钻石影响很大，颜色等级越高的钻石如果有中级或者强级荧光的话，会影响到钻石的亮度和通透度，从正面看会有蒙上一层白雾的感觉。颜色愈白的钻石蒙上白雾的朦胧感更明显，从而降低了钻石火彩。

小贴士

荧光会对钻石的价值造成影响，尤其是大钻石，影响会更为明显，特别是选购 1 克拉以上、颜色等级较高的钻石，一定要注意钻石的荧光。

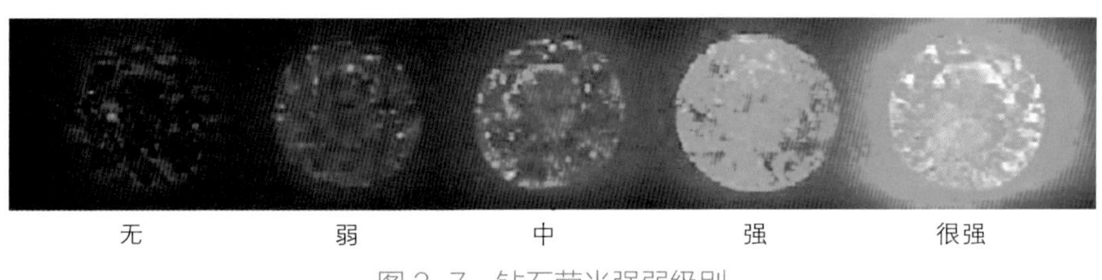

图 3-7　钻石荧光强弱级别

★绝不单调的色彩

宝石的世界缤纷多彩，钻石的世界也不单调，很多人可能不知道，钻石不仅仅有无色的，还有黄色、蓝色、粉色、褐色等多种颜色，具有颜色的钻石被称作彩色钻石，简称彩钻。有的彩钻是由于微量元素氮、硼、氢原子进入钻石的晶体结构之中而产生的颜色；有的彩钻则是晶体塑性变形而产生错位、缺陷，对某些光能吸收而使钻石呈现不同的颜色。

★彩钻的产量稀缺

彩钻的形成条件非常特殊，出产 10 万颗罕见的优质无色钻石才有可能得到一颗彩钻。彩钻有着令人眼花缭乱的各式各样的颜色，以及从浅色到深色、艳色不同饱和度。彩钻中，红色钻石和绿色钻石是最为罕见的，像稀有的粉色钻石在全球的唯一稳定来源只有澳大利亚，黄色钻石和棕色钻石则比较常见。正是因为其稀有和美丽，彩钻的身价不断上涨，拍卖市场上屡创新高的拍卖价格，也挡不住收藏家们疯狂的步伐。

★彩钻的魅力

彩钻的种类有很多，包括红色、红紫色、紫色、橙色、粉红色、绿色、蓝色、黄色、棕色和黑色等。评价彩钻一般也从重量、颜色、净度、切工四个方面进行评价。重量越大，颜色越鲜艳越纯正，净度越高，价值越高。不同的切工，价格也不同，彩色钻石一般采取异型切工，更加绚丽多彩，十分迷人。

1. 黄色钻石

黄色钻石主要是因为含有氮元素，使钻石的晶体结构发生变化，其可从浅黄色至深黄色可分为几种不同的颜色分级，同时还会带有其他色调，如绿色。黄钻相对较为常见，但达到艳彩级别的黄钻却一颗难求。世界上最著名的黄钻之一可以说是 Tiffany 黄钻了，它比普通圆形明亮式切割的黄钻多了 32 刻面，多达 90 刻面。

图 3-8　Tiffany 传奇黄钻

2. 棕色钻石

棕色钻石被人们称为“巧克力钻石”，但是早期因为其产量大所以主要被用于工业，在珠宝行业并没有太多的应用。棕色钻石也可以根据颜色的深浅分为几个不同的级别，例如干邑色钻石，深褐色钻石看起来像是金黄色调与火焰的结合，格外引人瞩目；还有一种十分流行的香槟钻石，颜色从金黄光棕色到深暗棕色。

图 3-9　各种色调的棕色钻石

3. 红色钻石

红色的钻石是彩钻当中最昂贵的，净度一般较低。红钻的颜色是天然的，它的颜色是由于在形成的过程中内部晶格产生了扭曲，光源射入晶格发生扭曲的部位就会产生红色，这一点与黄钻不同。

图 3-10　红色钻石

4. 粉色钻石

粉色钻石近年来十分受欢迎，但产量却很稀少。粉钻颜色产生原因是在形成过程或搬运过程中发生塑性变形导致内部晶体结构产生缺陷。澳大利亚阿盖尔产出的粉钻最受欢迎，全球 90% 罕见的粉红色钻石都是在阿盖尔矿挖掘出来的。

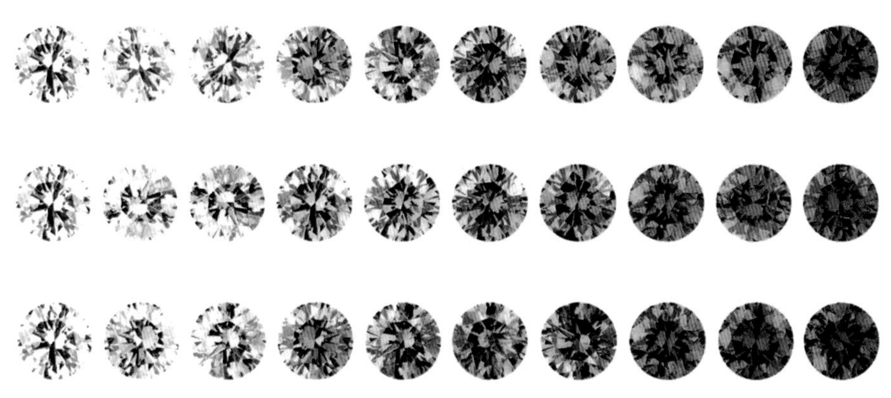

图 3-11　各种色调的粉色钻石

5. 蓝色钻石

蓝色钻石是由于含有微量硼元素而产生的颜色。蓝色钻石是各种天然钻石中唯一可以导电的种类。品质很高的蓝钻也十分难得，一般蓝钻都带有少量的灰色。

6. 绿色钻石

绿钻主要是因为在形成的过程中，辐射而改变晶格结构所致。天然绿色钻石的形成需要长期的辐射，短时间的人工辐照也可以产生绿色。

图 3-12　绿色钻石

图 3-13　各种色调的绿色钻石

7. 黑色钻石

黑色钻石为多晶集合体，因含有大量黑色内含物和裂隙所以产生黑色，一般不作为宝石级钻石。世界上有名的黑色钻石为“黑色奥洛芙”，传说是印度圣庙中镶于圣象上的钻石，又称“梵天之眼”。由于黑色代表着神秘，同时也是一种时尚的颜色，所以近年来越来越受欢迎。

图 3-14　黑色钻石戒指

二、红宝石和蓝宝石

红宝石和蓝宝石互为姐妹宝石，它们都属于刚玉矿物，在地球上常见的天然宝石中，它们的硬度仅次于钻石，基本化学成分都为氧化铝。并不是所有的刚玉矿物都可以做宝石，除具有星光效应的刚玉外，只有透明度以及净度达到一定级别的刚玉才能称作宝石。所含化学成分纯净的刚玉一般是无色的，因为还有某些其他化学成分会呈现不同的颜色：含铬元素的宝石级刚玉呈红色调，故被称为红宝石；含有微量的钛和铁元素的宝石级刚玉一般为蓝色，被称为蓝色蓝宝石。宝石级刚玉中，除了红宝石，其他所有色调的宝石级刚玉在商业上被统称蓝宝石，除蓝色系列以外的蓝宝石被统称做彩色蓝宝石。例如黄色蓝宝石、橘色蓝宝石、紫色蓝宝石、无色蓝宝石等。

图 3-15　彩色蓝宝石

★宝石里燃烧着的血

红宝石的红色无与伦比，虽然在自然界中红色的宝石种类有很多，但红宝石的红色给人带来的心灵震撼与视觉冲击是其他宝石不可比拟的。它既温暖又热烈，有人说它的红色像是在宝石里燃烧的血，很是形象。在古时的欧洲，红宝石常常被用来装饰皇冠，代表着无限忠诚，象征皇家尊严。因为它的颜色，人们还用它来代表如火的爱情。天然红宝石主要产地为缅甸、莫桑比克、泰国和斯里兰卡，另外，澳大利亚以及美国蒙大拿州和南卡罗莱那州也有少量产出。

★优秀的耐久性

红宝石的耐久性主要源于其较高的硬度和稳定的化学性质。在摩氏硬度表中，红宝石的摩氏硬度为 9，仅次于钻石；因此，不管是作为珠宝首饰来佩戴，还是作为私家的收藏，它的耐久性都会使它经受住岁月的考验，历久弥新。

★极高的稀有性

品质优良的红宝石极其稀有且极难获得。在缅甸的矿区，平均每 400 吨红宝石矿石，只能筛选出 1 克拉左右的红宝石原矿，还要在这些红宝石原矿中进行再次精选。精选之后，每 1000 颗这种矿石中仅仅能够挑选出 1 颗在颜色、净度、重量等各方面均达到宝石级的红宝石。传说，古人为了获得藏在无底山谷中的红宝石，就将一块块生肉投向山谷吸引秃鹫过来觅食，并希望红宝石能黏在生肉上，秃鹫飞下谷底叼起肉之后，人们便射杀秃鹫，从而得到黏在肉上或被秃鹫吞下的红宝石。这虽然只是一个传说，但足以见得红宝石的开采之难以及在人们心中神圣的地位。

★最美红宝石——“鸽血红”

评价与选购红宝石的首要因素是颜色，接下来才是重量、透明度和切工等。红宝石的红色愈是鲜艳便愈美丽、价值愈高。红宝石中最受人们喜爱的颜色被称为“鸽血红”。这种颜色为正红色，没有明显其他色调（蓝或褐），但极微少的紫色调也可以接受，在紫

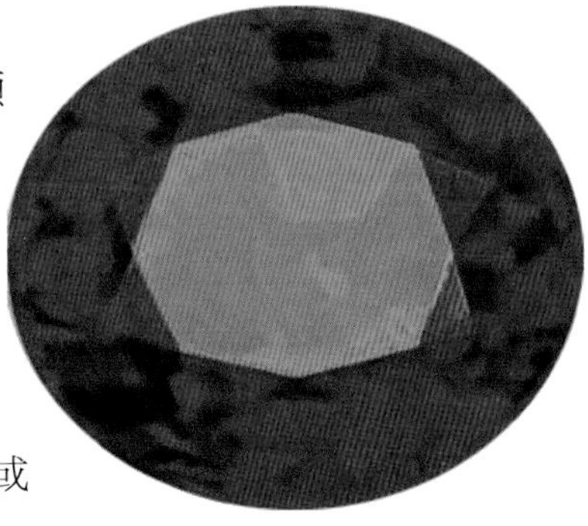

图 3-16　鸽血红

外光照射下有强荧光反应。在国家标准 GB/T 32863 -2016《红宝石分级》中，将红宝石的色调分为紫红色（pR）、红色（R）、橙红色（oR）三类，彩度分为深红（deep red）、艳红（vivid red）、浓红（intense red）、红（red）四个级别（以红色调为例）。“鸽血红”属于其中艳红级别。

欣赏过“鸽血红”红宝石的人都对它念念不忘。有专家曾将这种红宝石的红色与自然界中各种类型的红色进行对比，结果发现只有缅甸当地所出的成年鸽子动脉中的鲜血才比较接近这种红色。而且要求必须是新鲜的、跳动的鲜血，这种血离开鸽子的身体超过十几秒钟，颜色就会改变，与“鸽血红”红宝石的颜色就无法相比了。“鸽血红”红宝石主要产自缅甸北部莫谷，近年来在莫桑比克也有发现。

★宁静迷人的深邃之蓝

很多人都认为蓝色最能给人带来安全感。黑色过于晦暗，白色过于惨淡，而蓝色能给人带来稳重、可靠的感觉。生命的起源——海洋，让人浮想联翩的天空，我们居住的星球都是蓝色的，所以有人说蓝宝石的蓝色正代表着地球生生不息的活力。在古代的波斯流传着这样的传说：一块巨大的蓝宝石支撑着大地，当阳光照射在大地上时，蓝宝石将太阳的光芒反射，天空便呈现出宁静迷人的蓝色。其实关于蓝宝石的传说数不胜数，很多民族都对它异常青睐。在我国清朝，三品以上的官员顶戴则是蓝宝石。蓝宝石是九月的生辰石，还是结婚四十五周年的纪念石，它代表着忠诚、智慧、和谐、友谊、稳重。

★最美蓝宝石——“矢车菊蓝”“皇家蓝”

最美丽、最有价值的蓝宝石被认为产自印度和巴基斯坦边境上的克什米尔和缅甸。克什米尔蓝宝石的矿区位于喜马拉雅山脉的西北端，海拔 5000 多米，开采条件十分艰苦，且产量极少，克什米尔产出的顶级蓝宝石的颜色因为和矢车菊的颜色十分相近，所以被称为“矢车菊蓝”。

这种颜色微带紫色调，纯净浓艳，因为内部还含有非常细微的丝状包裹体，使得宝石带有天鹅绒般的柔美光泽。

图 3-17　矢车菊和矢车菊蓝蓝宝石

在国家标准《蓝宝石分级》中，将蓝宝石的色调分为蓝（B）、微绿蓝（gB）、微紫蓝（pB）三类，将彩度深蓝（Deep Blue）、艳蓝（Vivid Blue）、浓蓝（Intense Blue）、蓝（Blue）、淡蓝（Light Blue）5 个级别（以蓝色调为例）。“矢车菊蓝”的颜色分布在艳蓝到浓蓝范围内。

图 3-18　皇家蓝蓝宝石耳坠

蓝宝石除了有知名的“矢车菊蓝”以外，还有一个著名的蓝色品种，那就是“皇家蓝”（Royal Blue），以产自缅甸的该种蓝宝石为最佳。“皇家蓝”蓝宝石的色调非常浓烈，并且带有一丝紫色色调，使其带有一种浓郁深沉、高贵典雅的气质，正是它的这种特性，使其成为很多贵族的最爱。

★幻彩蓝宝的奥秘

除了迷人的蓝色，蓝宝石还有一个庞大的支系——彩色蓝宝石（Fancy Colored Sapphire）。除了红色和蓝色以外的所有其他颜色的宝石级刚玉都被称作彩色蓝宝石。由于色彩蓝宝石的色彩丰富，给人进入梦幻的童话世界的感觉，所以香港人称它们为幻彩蓝宝石。

1. 帕德玛蓝宝石

“帕德玛蓝宝石”指的是像莲花一般粉橙到橙红色的蓝宝石，其名字为“Padparadscha”，也可音译为“帕帕拉恰蓝宝石”，是彩色蓝宝石中最为著名也是最为贵重的品种。在斯里兰卡语里，“Padparadscha”的意思是“莲花”，被认为代表着圣洁和生命。帕德玛蓝宝石的产量非常之少，其主要产地是斯里兰卡，但是在马达加斯加、坦桑尼亚也有产出。

图 3-19　帕德玛蓝宝石

2. 粉色蓝宝石

粉色蓝宝石是最近几年价格上涨最快的宝石品种之一，日、美等国的消费者对它报以了极高的热情。粉色蓝宝石的色调比红宝石淡，色彩饱和度亦不是很高，呈现的是一种娇艳可人的鲜粉红色，但不会非常浓郁。

图 3-20　粉色蓝宝石

3. 橙色蓝宝石

颜色饱和度很高的橙色蓝宝石也是非常美丽迷人，橙色蓝宝石的橙色如果鲜艳且略带微红色调。那么它的美貌可以说与帕德玛蓝宝石不相伯仲。

图 3-21　橙色蓝宝石

4. 紫色、绿色、黄色的蓝宝石

市场上颜色浓郁艳丽的紫色、绿色、黄色的蓝宝石，价格也很高。如果绿色蓝宝石的颜色和祖母绿的绿色相当时，价值会非常高。但市场上这三种颜色的蓝宝石常常带有灰色、褐色调，使其美感和价值大大降低。

图 3-22　紫色、绿色、黄色蓝宝石

★特殊星光，另类之美

当蓝宝石内部含有大量纤维状或丝状的定向排列的金红石包裹体时，切磨成凸面形的宝石，其顶部会呈现出星光效应，一般为六射星光，这样的蓝宝石即被称作星光蓝宝石。同理，红宝石也会出现星光效应。由于内部的包裹体降低了宝石的透明度，所以星光红宝石和星光蓝宝石通常是半透明至透明的，而且其表面会有一种类似绸缎般的绢丝质感。对于星光红蓝宝石的颜色并不是很严苛，但是对于星光的要求则相对较高：星线的交汇点是否位于宝石中央，星线越完整、越明亮，星线移动时越灵活，宝石的价值越大。

图 3-23　星光红蓝宝石

图 3-24　十二射星光蓝宝石

图 3-25　六射星光蓝宝石戒指

三、绿柱石族宝石

提起家族，可能最为熟知的就是民国时期的“宋氏家族”，满门闺秀，皆为传奇。宝石界也有这么一个名门望族——“绿柱石家族”。绿柱石族是一个庞大的彩色宝石家族，由于绿柱石的形成条件不同，致使其中所含的致色离子不同而呈现不同的颜色。绿柱石家族中有着贵为五大名贵宝石之一的祖母绿，还有如海水般优雅、清澈的海蓝宝石以及金色、黄色、红色的其他绿柱石品种。

图 3-26 绿柱石家族

★绿柱石家族的基本特征

绿柱石（Beryl），在矿物学上属绿柱石族。绿柱石为铍－铝硅酸盐矿物，其中铍、铝可被不同元素所替代。颜色常见的有无色、绿色、黄色、浅橙色、粉色、红色、蓝色、棕色、黑色。绿柱石呈玻璃光泽，多为透明，少量可呈半透明至不透明。其主要产地位于南美的巴西，欧洲的奥地利、德国、爱尔兰，非洲的马达加斯加，亚洲的乌拉尔山和中国西北部。

★沉稳的大哥——祖母绿

祖母绿（Emerald），致色元素为铬，颜色呈翠绿色，是绿宝石之王，也是最古老的宝石品种之一，在古埃及时代就已用作珠宝，是全世界公认的五大宝石之一。

图 3-27 祖母绿晶体

图 3-28 祖母绿

1. 生机之色

世界上似乎没有一种宝石的颜色可以和祖母绿的色彩相媲美，它是春天的绿，青春的绿，那抹浓艳欲滴的绿色千百年来一直被人们视为爱和生命的象征。祖母绿的颜色在所有绿色宝石中几乎是独一无二的。绿色是人的视觉最敏锐感知的色彩，但没有其他任何一种天然宝石的绿色能像祖母绿那样，可以带给人这般舒适的感觉。它是如此百看不厌的宝石，无论是在晴天或阴天，无论是在自然光源还是人工光源下，祖母绿总是发出柔和而鲜亮的绿色光芒，这就是绿色宝石之王——祖母绿的魅力所在。

图 3-29　祖母绿颜色

2. 丰富的“内涵”

相对于其他宝石来说，祖母绿在地壳中的发育的时间很漫长，过程非常困难。在祖母绿形成过程中，经历了无数次的地质作用才能得到这般令人心醉神迷的绿色。特殊的形成过程，造就了祖母的“花园”。因为各种地质作用，祖母绿内部含有各种各样的包裹体，例如各种形态的固态包体、气液包体、裂隙等，所以对于祖母绿的净度评价标准也相对比较宽松。研究者通过研究“花园”中各种包裹体的差异，可以确定部分祖母绿的产地或鉴赏价值。洁净无瑕的祖母绿是相当罕见的，一粒超过 3 克拉的比较洁净祖母绿已是十分稀有且非常昂贵。

图 3-30　三相包体

图 3-31　透闪石包体

3. 独特的切割

祖母绿的硬度为 7.5~7.75，质脆，易碎。切割师为避免祖母绿在佩戴过程中意外碎裂并保持其最大重量，发明了祖母绿切割。这种切工的四角被切去，外轮廓呈八边形的长方形或正方形。

图 3-32　祖母绿型切割戒指

4. 产量及产地

祖母绿在世界上的产量极为稀少，有人估计，每 100 万颗绿柱石中才可产出一颗祖母绿。祖母绿的主要产地有哥伦比亚、俄罗斯、巴西、印度、南非、津巴布韦和中国。其中以哥伦比亚的祖母绿最受欢迎，其特征为包裹体是气液固三相包裹体。我国祖母绿主要产地是云南和新疆，云南的祖母绿常呈现中等绿色，而新疆祖母绿多呈现蓝绿色。

★绅士的二哥——海蓝宝石

海蓝宝石是绿柱石家族中呈现海蓝色品种，拉丁语“Aqua”意为水，“Mare”意为海，海蓝宝石是欧美宝石市场热爱的品种，航海家用它祈祷海神，保佑出行安全。海蓝宝石是含铁的绿柱石，颜色有蓝色、绿蓝色到蓝绿色。价值最高的为蓝色较深的品种，但是此品种天然产出较少。

海蓝宝石天生多棉裂，品质差的一般做成圆珠手串，而纯净的宝石级晶体非常之贵，而且由于原料的日益紧缺和需求的明显增长，近年来价格直线上升，有跻身高档宝石的趋势！

图 3-33　海蓝宝石晶体

图 3-34　海蓝宝石首饰

★夺目的三哥——金色绿柱石

金色绿柱石也称为黄色绿柱石，其英文名称为 Heliodor，源自希腊语，意思是“太阳”。它是一种绿柱石的透明晶体，由于其化学成分中含有铁而呈黄绿色、金黄色、橙色、棕色、黄褐色以及淡柠檬黄色等等，其中鲜艳明亮的金黄色最具有代表性，有一种夺目张扬、艳光逼人、舍我其谁的美，价值也最高。

图 3-35　金绿柱石晶体

图 3-36　金绿柱石吊坠

★低调的四哥——绿色绿柱石

绿色绿柱石由于可见光吸收光谱中无铬吸收谱线，而且色浅、饱和度低或带黄色调而不能称为祖母绿。

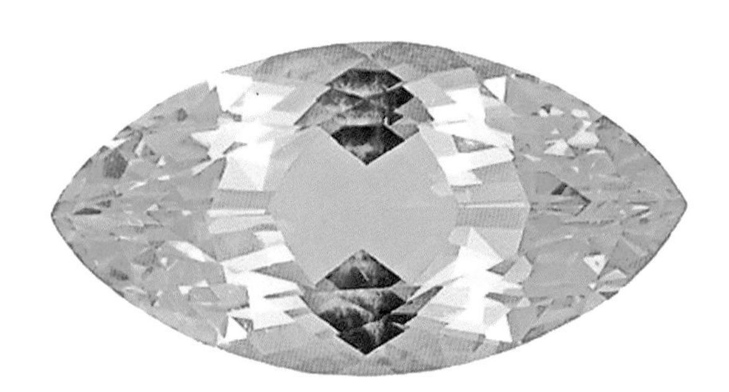

图 3-37　绿色绿柱石

★温婉的五妹——摩根石

摩根石是绿柱石家族中呈现粉红色的品种，清新可爱。它于 1911 年在马达加斯加岛首次发现，发现人乔治·弗里德里希为了向纽约银行家和他的赞助人约翰·摩根表示敬意，将其命名为“摩根石”。摩根石由于含有锰杂质而产生粉色、玫瑰红和桃红色等。摩根石主要有淡粉红、粉橘红、粉紫红等颜色，每一种都各具特色，撩拨女性的心弦。净度极佳的摩根石，有如梦似幻的清浅，温婉而水润，多做刻面清丽闪烁又低调不张扬，颇受一些国际知名品牌珠宝的垂青。

图 3-38　摩根石晶体

图 3-39　摩根石戒指

★害羞的幺妹——红色绿柱石

红色绿柱石除含锰元素之外，还含有微量的锂元素，主要产于流纹岩中。主要产于美国犹他州，晶体小，宝石成品一般不超过 1 克拉。

图 3-40　红色绿柱石晶体

图 3-41　红色绿柱石戒指

四、金绿宝石

金绿宝石的矿物成分是铍铝硅酸盐，有时还含有微量的铁、铬、钛等元素。在中国珠宝行业中也称其为“金绿玉”或者“紫翠玉”。金绿宝石可分为金绿宝石、金绿宝石猫眼、变石和变石猫眼四个种类。

金绿猫眼，指具有猫眼效应的金绿宝石，可以独立简称为“猫眼石”或“猫眼”；变石，又称亚历山大石，指具有变色效应的金绿宝石；变石猫眼，顾名思义，指既具有猫眼效应又具有变色效应的金绿宝石。

图 3-42　变石猫眼

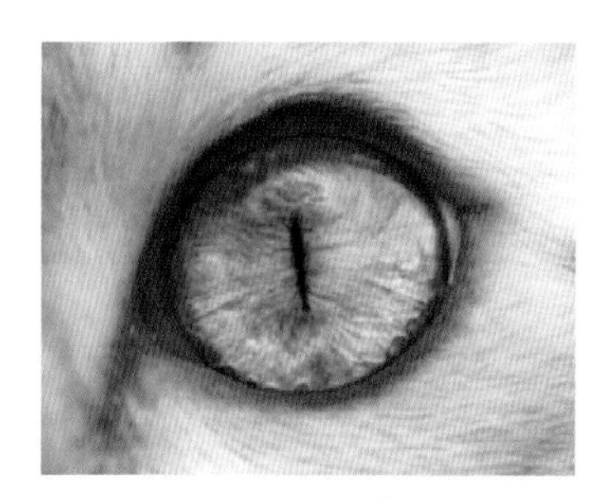
图 3-43　猫眼

★珠宝圈里的精灵——猫眼

金绿宝石猫眼是金绿宝石家族中知名度最高的成员，俗称“猫眼”，是五大顶级宝石之一。

1. 灵活摇摆，栩栩如生

金绿宝石猫眼（Cat’s Eye）能被直接称作猫眼，这是由于金绿宝石内部生长有微小的平行排列的细丝状金红石，当有光源照射，就产生了猫眼效应。随着宝石的转动或光源的移动，猫眼的眼线也会摇摆。当把猫眼放在两个光源下照射时，可见猫眼发生张开和闭合的现象。若要表现猫眼效应，需将宝石切割为素面的弧形。

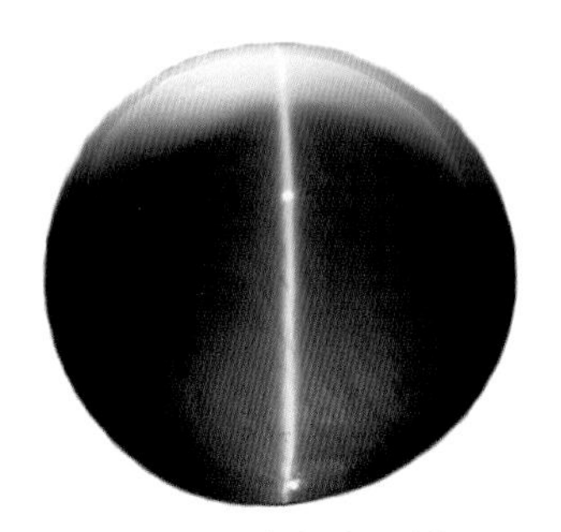
图 3-44　金绿宝石猫眼

图 3-45　磷灰石猫眼

2. 品质优劣

猫眼的质量评价主要从颜色、猫眼效应、透明度、切工和重量等方面进行评价。颜色以蜜黄色为最好；猫眼的眼线越明亮清晰、转动越灵活，价值越高；透明度越高越好。猫眼还具有“乳白 - 体色”效应，即当用点光源（单一光源，如太阳、手电筒）斜 45°照射顶级的金绿宝石时，眼线的一边呈现体色，另一边呈现乳白色。

小贴士

磷灰石猫眼很多亦呈现黄色，但产量大且硬度低，售价远低于金绿猫眼，切勿混淆。

★“白昼里的祖母绿，黑夜里的红宝石”——变石

变石（Alexandrite），又称为“亚历山大石”。变石古称“紫翠玉”。由于它具有在阳光下呈绿色，在烛光和白炽灯下呈红色的变色效应，许多诗人赞誉它是“白昼里的祖母绿，黑夜里的红宝石”。

日光下的变石

白炽灯下的变石

图 3-46 变石

1. 命名之说

变石首次发现于 19 世纪 30 年代，在俄国沙皇时代的乌拉尔山区，靠近斯弗罗夫斯克的宝石中心。传说此时正值王储亚历山大（后来的亚历山大二世）成年，为表示祝贺，被命名为“亚历山大变石”，通常俗

称为“变石”。这种宝石在日光下呈现绿色调为主的颜色，在烛光或白炽灯下呈现红色调为主的颜色。变石和珍珠、月光石一起被认为是六月的诞辰石，变石还是结婚五十五周年的纪念石。

2. 美妙成因

变石之所以会神奇地变色，是由于内部含有铬元素，这种金属元素也是红宝石、祖母绿、翡翠产生美妙颜色的原因。最优质的变石被人们誉为“白昼里的祖母绿，黑夜里的红宝石”，但这样的变石已经几乎绝迹了，今天市场上的大多数变石，呈现的颜色多为暗褐绿－暗褐红，色调偏暗，不够美艳。

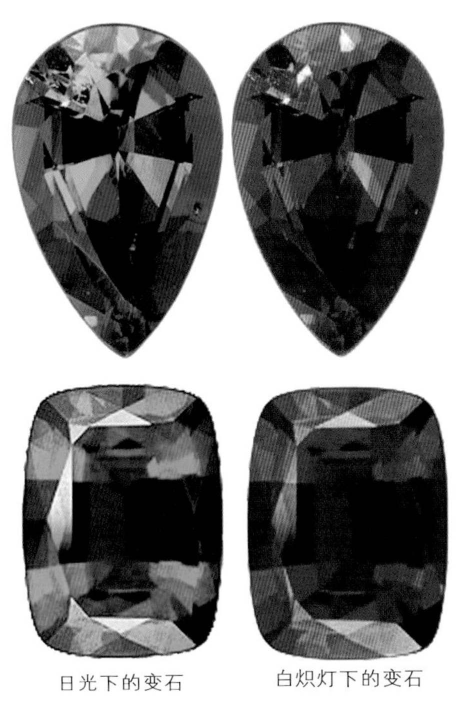

图 3-47　变石颜色对比

3. 品质判别

影响变石价格的因素主要为变石的变色效果、重量、透明度及切工等。一般说来，变色效果愈明显，颜色越纯正，价格越高。变石在日光下呈现祖母绿一样的绿色，在日光灯下呈现红宝石一样的红色，被认为是变石最好的颜色，但这样的变石十分难得。

4. 产地与资源

变石的主要产地有斯里兰卡、巴西、印度、津巴布韦等，俄罗斯乌拉尔山的变石曾最为著名，但如今已几乎枯竭；斯里兰卡是世界上变石猫眼的唯一产地。重量超过 1 克拉的优质变石可能比同等大小的优质红宝石、蓝宝石和祖母绿更加昂贵。

★非凡的存在——变石猫眼

如果一粒金绿宝石同时具有猫眼和变色效应，那就是极其稀罕之物了，被称作变石猫眼。它的价格十分昂贵。变石猫眼必须同时含有具变色效应的铬元素和产生猫眼效应的细丝状金红石包体。普通的变石猫眼几乎不可能达到“白昼里的祖母绿，黑夜里的红宝石”的效果，通常是暗褐绿－暗紫红的变色效果。

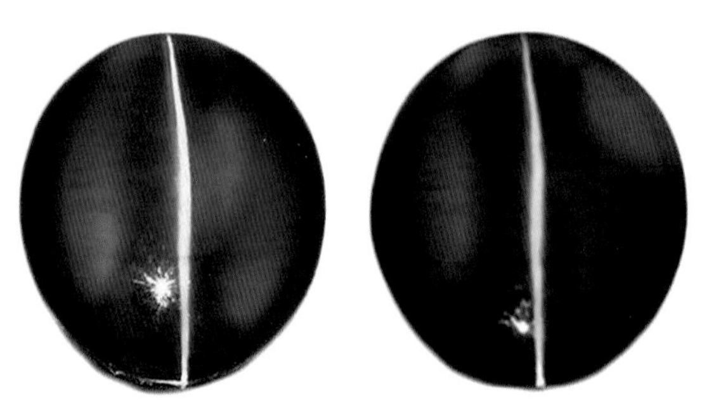

图 3-48　变石猫眼

五、碧玺

十月是金色的收获之季，十月生辰的人由一种如彩虹般绚烂的宝石所守护，那就是碧玺，其丰富的色彩令人心驰神往，是近年来价值不断攀升的一个宝石品种。碧玺的矿物学名称为电气石，其成分十分复杂，颜色也纷繁多样，其中主要有无色、玫瑰红色、粉红色、红色、蓝色、绿色、黄色、褐色和黑色。国际珠宝界基本上按颜色对碧玺划分商业品种，颜色越是浓艳价值越高，其中红色和蓝色为价值最高的品种。

★卢比来——碧玺中的“贵族”

在五彩缤纷的碧玺家族中，卢比来（Rubellite）的地位十分特殊。它以耀眼美丽的颜色俘获芳心无数，是碧玺家族中最热门的成员之一。卢比来是红碧玺的一种，在中国叫“卢比来”“红宝碧玺”，卢比来可不是一般红碧玺，而是红碧玺中的翘楚。

图 3-49　红宝碧玺

图 3-50　粉红色碧玺

红色和粉红色碧玺的颜色与锰离子、铁离子有关，并且颜色的浓淡深浅还有不同，可以分为很多种，但并不是所有红色的碧玺都可以称为卢比来。区别卢比来和其他红碧玺的一个依据是：卢比来无论在自然光或人造光源下都保持一致的颜色，而一般的红碧玺在人造光源下呈现些微的棕色调。

★“霓虹”碧玺——帕拉伊巴碧玺

帕拉伊巴碧玺是指一种具有鲜艳的绿蓝－蓝色调的电气石，是最为昂贵的碧玺品类之一，因其 1989 年发现于巴西帕拉伊巴州而得名，其

图 3-51　帕拉伊巴碧玺戒指

颜色胜似霓虹，令人痴迷。

帕拉伊巴是一种呈蓝色（电光蓝、霓虹蓝、紫蓝）、蓝绿色到绿蓝色或绿色，具有中等偏低 - 高饱和度、色调受铜元素和锰元素的影响而形成的碧玺，与产地无关。也就是说帕拉伊巴碧玺的致色元素必须是铜元素和锰元素，铁元素等其他元素也可使碧玺呈现蓝色，但是只能命名为蓝碧玺。帕拉伊巴的产地主要有巴西、莫桑比克和尼日利亚。总体来说，巴西的帕拉伊巴主要呈蓝到绿色，还可产出难得的“霓虹蓝”，而莫桑比克和尼日利亚的碧玺颗粒尺寸较大，有些可达到 5 克拉以上，颜色较为均匀，但几乎不能见到“霓虹蓝”色的碧玺。帕拉伊巴首次发现时，价格约为每克拉 100~200 美元，而如今每克拉可达几万美元。

图 3-52　帕拉伊巴碧玺

图 3-53　蓝碧玺

★好“色”之徒的首选——多色碧玺

多色碧玺是经过大自然鬼斧神工造化而成的一种在一块晶体中含有两种颜色以上的碧玺。多色碧玺因产量稀少，相对于一般碧玺更昂贵。

多色碧玺是在同一个自然生长的碧玺晶体上混入了多种致色元素，导致一个碧玺晶体上出现多种颜色。一般是一层一种颜色生长完全之后再覆盖上另一层颜色继续生长，就像彩虹一样，颜色堆叠但分层明显。世上不存在两块一模一样的多色碧玺，即便是同一块原石，也存在颜色的不同以及颜色分层的不同，这种共生于同一块原矿的多色性特点，才是“落入人间的彩虹”最重要的原因。

图 3-54　多色碧玺晶体

图 3-55　双色碧玺

西瓜碧玺是现在市面上双色碧玺的最典型，也是最受欢迎的双色碧玺品种，连慈禧太后都对它的魅力无法抗拒。西瓜碧玺顾名思义，就是像西瓜一样，外绿内红，由于颜色酷似西瓜的果肉和果皮，故而得名。虽然它属于双色碧玺，但实际上在红绿中间往往还存在些许黄色的过渡色。另外，还有外蓝内红、外绿内黄、外绿内橙等，现在只要组成的两种颜色，一部分近似绿色一部分近似红色，也会被归为西瓜碧玺，定义已经没有那么严格。

图 3-56　西瓜碧玺

★碧玺里的"颜值帝"——碧玺猫眼

碧玺猫眼是碧玺的一种，这种碧玺产量相对较少，魅力十足，收藏价值也更高。碧玺猫眼顾名思义，其外貌酷似猫的眼睛，是碧玺中的极品。在碧玺家族中有这一现象的一般以红碧玺和绿碧玺居多。

图 3-57　碧玺猫眼

碧玺猫眼的品质和价值主要受其纯净度、颜色、猫眼线等方面进行评价。晶体越通透明亮，净度越高颜色越亮丽鲜明，眼线越明显、灵活，居于中央，则质量越好。碧玺多含冰裂纹和包裹体，因此晶体通秀纯净的碧玺猫眼非常罕见，价格极高。而多色碧玺和西瓜碧玺更是难得异常，所以价格更高。

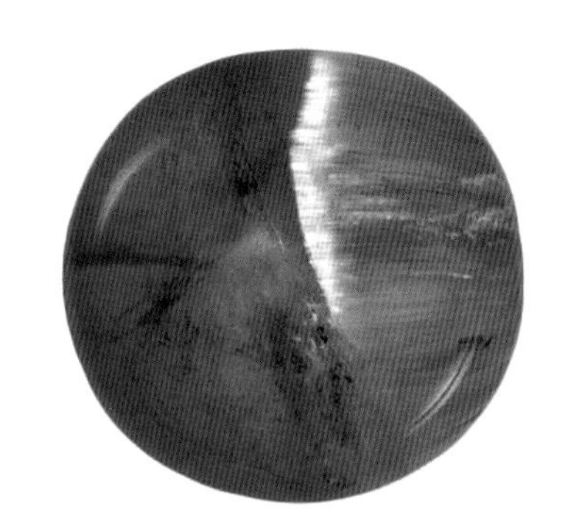
图 3-58　双色碧玺猫眼

六、尖晶石

宝石界中色彩缤纷的族群实在屈指可数，翻开众多高级珠宝品牌图录，尖晶石的身影却几乎无处不在，是一线珠宝大牌的“宠儿”。尖晶石有牡丹红、樱桃红、黄、绿、蓝等多种色彩，丰富的色彩成就了它如彩虹般的绚丽风景。

★与红宝石的不解之缘

有一个关于尖晶石和红宝石的著名故事，那就是镶嵌在大英皇冠上的美丽的“黑王子红宝石”，很多个世纪以来，它都被当做是一颗红宝石，但最后还是被考证为“红尖晶石”。因此尖晶石被扣上了一顶十分尴尬的帽子，它有着红宝石的美丽，却不似红宝石的地位，它就像一个冒名顶替者一样被人们鄙视，很多人将尖晶石看成是一个仿冒者，在宝石界被歧视。

图 3-59　大英皇冠

图 3-60 “黑王子红宝石”

但是酒香不怕巷子深，尖晶石的美丽越来越被人们重视，它也逐渐争取到自己应有的地位。

★色彩丰富的族群

尖晶石的色彩从高贵的红色、深粉红色、橙色，到紫罗兰色、淡紫色直至蓝色，它们美丽多变的颜色甚至不输给彩色蓝宝石。虽然它们的摩氏硬度为 8，比红宝石和蓝宝石要低一些，但它们不需要任何途径的加热和优化处理就可以达到十分高的净度等级和色彩饱和度。

1. 红色尖晶石

法国诗人奥利维埃尔德·马尼，撰写了以下的诗句，以歌颂他的爱人露易丝·拉贝：“你那似巴拉斯红宝石的诱人双唇，和眼中散发的光辉，逐渐占扰了我的心。”事实上许多极负盛名的“红宝石”都是尖晶石。毋庸置疑，红色尖晶石，尤其是鲜红色彩的尖晶石，绝对是收藏级的彩宝新贵。最优质的红色尖晶石与优质红宝石同样多产自缅甸。

图 3-61　红色尖晶石

2. 蓝色尖晶石

要说到尖晶石里除红色以外最受欢迎的色彩，当属蓝色。沉静、深邃的色彩，令宝石呈现出一种安静的独特美感。

图 3-62　紫色尖晶石

图 3-63　蓝色尖晶石

3. 紫色尖晶石

蓝色到紫色的尖晶石，大多数与蓝宝石一同产自斯里兰卡。这个色系的尖晶石可产生变色效应。变色尖晶石在日光下多呈蓝或棕褐色，在灯光下多呈红色到紫红色。

4. 橙色尖晶石

颜色十分纯正的橙色尖晶石相当少见，价格自然也非常高。

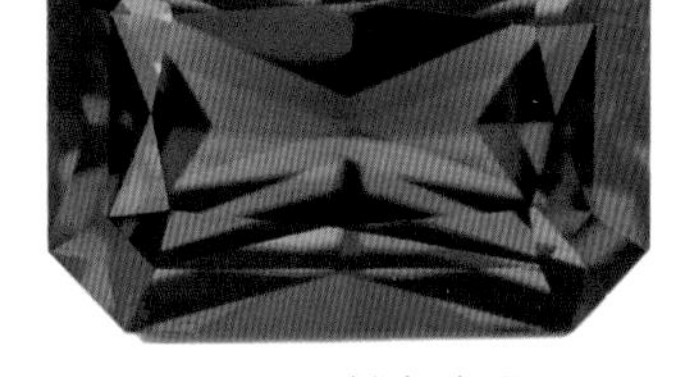
图 3-64　橙色尖晶石

5. 粉色尖晶石

粉色尖晶石的色调中多带有紫色调，轻奢时尚，紫色调又增添了一丝贵气，但价格又不如红色尖晶石那么高，所以粉色尖晶石很受欢迎。

图 3-65　粉色尖晶石

6. 黑色尖晶石

黑色尖晶石的颜色主要为铁元素致色，对于喜欢黑色珠宝的人来说，是一个不错的选择。尖晶石的摩氏硬度为 8，非常高，其亮度也很高，折射率为 1.718。在黑色宝石中，黑色尖晶石是比较昂贵的。

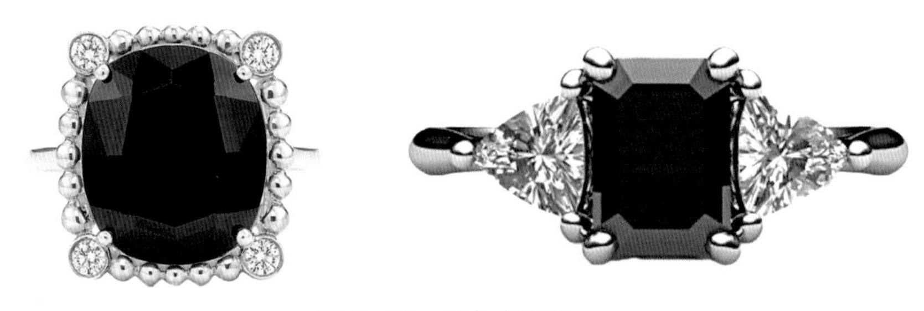

图 3-66　黑色尖晶石

七、坦桑石

坦桑石在矿物学中属于黝帘石族，是硅酸盐矿物，致色元素为钒元素，摩氏硬度为 6~7。坦桑石在宝石学中一个典型特征就是具有强三色性，表现为棕色调的黄绿色、紫色和蓝色。其于 20 世纪 60 年代在坦桑尼亚被发现。坦桑尼亚是世界上坦桑石的唯一产地，所以坦桑石也被誉为该国的国石，行业内常被称为“坦桑蓝”。

图 3-67　坦桑石

★海洋之心的秘密

1997 年，电影《泰坦尼克号》不但捧红了莱昂纳多·迪卡普里奥和凯特·温斯莱特，女主角所佩戴的那条“海洋之心”——坦桑石，更是凭着其产地唯一、产量稀少的优势，一跃成为全球最名贵的宝石之一，俨然成为了珠宝界灰姑娘的传奇。

在代替“海洋之心”出演电影之后，坦桑石开始在珠宝市场上大热，因为坦桑石的颜色和蓝宝石颜色非常相近，而且幽暗深邃，深受北美人的喜欢。在美国华盛顿斯密逊博物馆藏有坦桑尼亚产的重约 122.7 克拉的蓝色坦桑石。

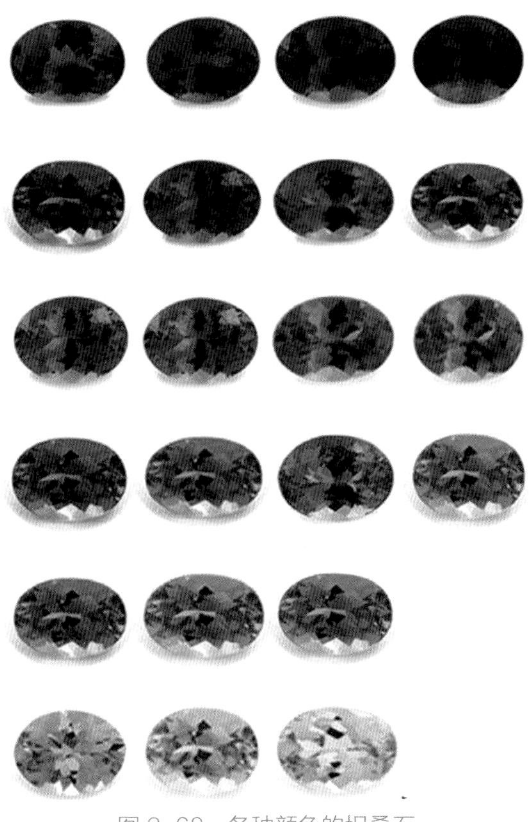

图 3-68　各种颜色的坦桑石

★独特魅力

坦桑石的独特魅力主要来自于其颜色、产地以及明星效应三个方面：其颜色深邃湛蓝，而且独特的三色性给坦桑石增添了别样的美感；坦桑石的唯一产地坦桑尼亚古老而神秘，使人难读懂，看不透，更加吸引人；很多影视明星、很多大牌对坦桑石情有独钟，纽约珠宝公司蒂芙尼的高级珠宝系列就多次使用坦桑石。在明星和大牌珠宝公司的带动下，坦桑石价格也是一路飙升。

坦桑石除了其别具风格的颜色和典型的多色性深受人们喜爱之外，其较高的净度和透明度也十分迷人。一般来说，大颗粒宝石很难保持较高的净度和透明度，例如大颗粒的碧玺、葡萄石，以及红宝石和蓝宝石等，内部都会有很多包裹体，但即使重达十几克拉的坦桑石内部也很少出现明显的瑕疵或者包裹体，而且十分通透，这是其他高档宝石所望尘莫及的。

★颜色优化

坦桑石普遍进行过加热处理以去除其棕黄色调，带有棕黄色调的坦桑石并不是很受大众喜欢，会大大降低其价格。加热温度一般为600~650℃，使宝石中三价钒离子变为四价钒离子，此时坦桑石会变成均

紫水晶

坦桑石

蓝宝石

图 3-69　坦桑石的颜色介于紫水晶及蓝宝石之间

匀的蓝色，并且颜色稳定。

其他的处理方法还有覆膜处理，但是经过覆膜的坦桑石颜色虽然鲜艳，但是十分呆滞，还可能有覆膜脱落的现象；除此之外，近年来还发现了经过扩散处理的坦桑石。对于普通消费者，在购买坦桑石时最好选择可靠机构进行鉴定。

八、橄榄石

橄榄石因其颜色多为橄榄绿色而因此得名。其英文名称为 Peridot 或 Olivine。橄榄石大约是 3500 年以前，在古埃及领土圣·约翰岛发现的，被认为是太阳宝石。由于发现较早，所以橄榄石带着浓厚的神秘色彩，在古埃及、印加帝国、阿兹特克这些文明古国，人们都对橄榄石都非常推崇。而且橄榄石为八月生辰石。

★黄昏的祖母绿

橄榄石是镁橄榄石和铁橄榄石系列的中间品种。属于斜方晶系，完好的晶体多呈柱状或厚板状，但完整晶体少见，多呈现不规则（他形）

图 3-70　橄榄石晶体

粒状。橄榄石的致色离子为铁离子，颜色常呈绿色、黄绿、棕绿和暗绿色而且含铁量越高，颜色越深。

★独特色泽

宝石级橄榄石分为浓黄绿色橄榄石、金黄绿色橄榄石、黄绿色橄榄石、浓绿色橄榄石，也称“黄昏祖母绿”“西方祖母绿”“月见草祖母绿”和天宝石（产于陨石中，十分罕见）。优质橄榄石呈透明的橄榄绿色或黄绿色，清澈秀丽的色泽十分赏心悦目，寓意和平、幸福、安详等美好意愿。由于内含铁元素，橄榄石呈现出橄榄绿、浅黄绿或者墨绿色调，常常给人一种油润的质感。橄榄石的色调比较稳定，人们常用草绿色来形容橄榄石的颜色，清新自然，沁人心脾。有的橄榄石还带有金黄的色调，所以古埃及人又把它称作“太阳石”。

图 3-71　橄榄石颜色

★内部的“睡莲”

橄榄石内部的特征包裹体为睡莲叶状包裹体，这种包裹体是由形似荷叶的气液包裹体或裂隙和固态包裹体共同组成。在宝石显微镜下，这种包裹体栩栩如生，宛如一幅景物画。

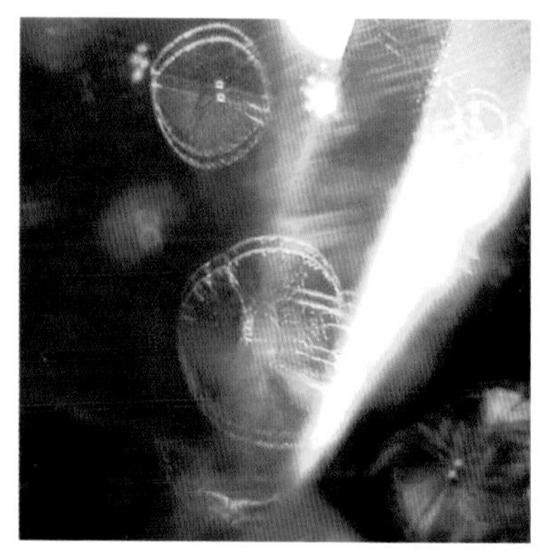

图 3-72　“睡莲叶”包体

九、石榴石

石榴石是一个种类较多的宝石种类，石榴石的英文名称为Garnet，由拉丁文“Granatus”演变而来，意思是“像种子一样”。石榴石晶体与石榴籽的形状、颜色十分相似，故名“石榴石”。长久以来，一提到石榴石，人们就会联想到火，人们相信她具有照亮黑夜的能力。自古以来人们一直把她作为女性美丽的象征。

图 3-73　红色石榴石

★石榴石里的“颜值担当”——紫牙乌

图 3-74　紫牙乌戒指

紫牙乌也称“子牙乌”，也有人将其称为“紫鸦乌”。在古代阿拉伯语中“牙乌”是“红宝石”的意思。但是石榴石宝石颜色深红带有紫色调，故称“紫牙乌”。其颜色特征也是紫牙乌区别于其他种类石榴石的一个重要特征。

紫牙乌的颜色越浓艳纯正，透明度越高，其品质就越高。因为其折射率较高，所以有较强的光泽，并且其颜色美丽多样，所以深得人们喜爱。许多国家把紫牙乌定为“一月生辰石”，象征忠诚、友爱和贞洁。西方人认为紫牙乌具有治病的神奇功效，在中东，紫牙乌更被选为王室信物。石榴石象征真理、优雅与忠诚，传说当夜里梦见石榴石，表示财富可以积累。

★石榴石里的“绩优股”——沙弗莱石

图 3-75　沙弗莱晶体

沙弗莱石是丰富多彩的石榴石家族之钙铝榴石的一员。因其色彩通透，被喻为“宝石中的圣女”。它的发现让一个默默无闻的小城转瞬变为活跃的宝石交易中心。沙弗莱石被发现的历史不过几十年，但交易价格却直追高级宝石，为世界宝石界开启新篇章。它频繁出现在近年各大高级珠宝新系列中，成为最具投资潜力的新宠儿；一面世就成为仅次于祖母绿的第二大抢手货。

图 3-76　沙弗莱戒指

宝石的稀有性是影响宝石价格的一个重要因素。造成沙弗莱石稀少的原因之一就是开采难度很大，开采人员需要熟知地质结构，并且动作迅速。沙弗莱石一般产出在岩石裂缝中，但是岩石裂缝经常在开采的过程中便突然消失了，只能将这些石头打破，

图 3-77　沙弗莱

图 3-78　祖母绿

才能得到美丽的沙弗莱石。沙弗莱石在珠宝原石交易中，一般颗粒较小，目前只有 2.5% 左右超过 2 克拉，5 克拉以上更是少有踪影。

沙弗莱石具有“三高”的特点，即高亮度、高纯净度和高饱和度的颜色。高亮度源于它的高折射率，为 1.73~1.75；沙弗莱石虽然内部也含有包裹体，但相较祖母绿等其他绿色宝石，其净度可以算是很高了；沙弗莱石为化学元素铬、钒致色，其颜色浓艳亮丽，让人过目不忘。

★石榴石里的“一抹暖阳”——锰铝榴石

锰铝榴石的化学成分为锰铝硅酸盐，宝石级的颜色常呈现像柑橘一样的橙色到橙红色，所以也称桔榴石。锰铝榴石也会有棕色、紫红色以及黄褐色等颜色。由于锰铝榴石的高折射率和令人温暖的色泽，所以无论何种颜色，都有一种高贵但又热情如火的感觉，尤其像柑橘一样的甜美颜色最受消费者欢迎。

图 3-79　锰铝榴石

宝石级别的锰铝榴石原矿体积大多数都比较小，在市场上并不多见。尤其是大颗粒的锰铝榴石更为难见，重量超过 3 克拉的锰铝榴石相当昂贵。宝石级锰铝榴石继承了石榴石系宝石净度较好的优点，少见有深色的内含物，但普遍含有典型气液包体和愈合裂隙。有一种呈现鲜艳柑橘色的锰铝榴石被称为“芬达石”。“芬达石”颜色亮丽温暖，深受欧美人喜爱，很多国际大牌更是对其青睐有加，将其用作高级珠宝的材料，设计了一系列梦幻的珠宝作品。随之，其价格也水涨船高，一年高过一年。

★石榴石里最为闪耀的宝石——翠榴石

图 3-80 翠榴石

翠榴石是一种十分珍贵的宝石，它属于石榴石大家族中的一员。石榴石的种类很多，但是翠榴石的美丽程度和珍惜程度都远远大于了它的那些兄弟姐妹们，成为石榴石中最特别、最神秘的存在。翠榴石有着美丽、鲜艳的绿色，那晶莹的绿色不同于祖母绿的富态，又不同于沙弗莱的坚硬，适中得恰到好处。

翠榴石是含有铬元素的钙铁榴石，英文名称为 Demantoid，意思是像钻石一样闪亮。之所以有这样一个名字是因为翠榴石一经发现，就以它的美丽征服了人们的心，人们用当地荷兰语单词 Diamanten（意为钻石）为它命名，用以表述它不亚于钻石的光芒。翠榴石和祖母绿一样是由铬致色——部分铬取代了翠榴石中的三价铁离子，使得它呈现出

图 3-81 翠榴石晶体

美丽的绿色。翠榴石十分稀少，大部分的翠榴石都小于1克拉，达到2克拉的优质翠榴石非常罕见，而5克拉的优质翠榴石则是世界级收藏宝石了。

十、托帕石

托帕石，一个听起来就充满了神秘色彩的名字，矿物名称为黄玉，英文名为Topaz，是一种常见的中档宝石。虽被称为黄玉，但它却有着多彩的颜色，诸如秋天般迷人的黄色、雪梨般鲜艳的橙黄色、火焰般的红色、爽朗的蓝色、高贵的紫罗兰、雅致的淡绿，甚至有水珠般的无色。托帕石的硬度高，色泽柔美、晶莹剔透，是一种漂亮而又廉价的宝石。

图3-82　无色托帕石

图3-83　粉橙色托帕石

图3-84　红色托帕石

图3-85　蓝色托帕石

★解读托帕石密码

托帕石的物理性质十分独特，表面像天鹅绒一样美丽光滑，而且非常耀眼；重量可以从几克拉到数百千克的大石头。所以它以能制成大的饰品而著称。

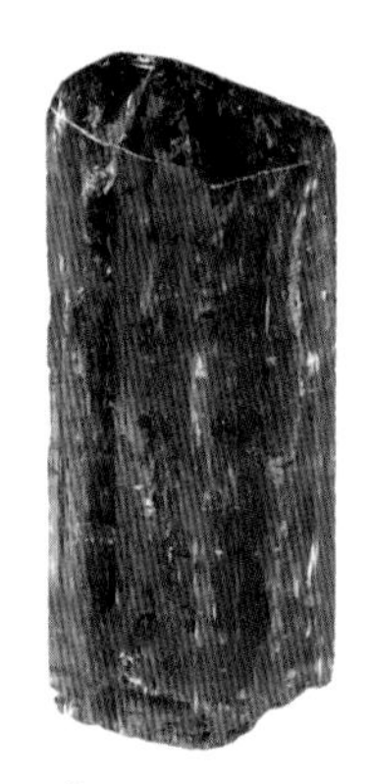

图 3-86　托帕石晶体

宝石级的托帕石颜色浓艳纯正、均匀稳定、光泽明亮，但托帕石一般颜色较淡，所以其颜色越浓越正，价值越高。市场上最受欢迎的是天然产出的酒黄色、天蓝色及紫红色品种。以巴西产的特级托帕石（金黄色、棕黄色，被称为“帝王黄玉”）最为名贵，价格高昂。天蓝色托帕石销路很好，它的颜色像海蓝宝石一样，但价格仅为海蓝宝石的五分之一左右，销路甚好。红色、粉红色、浅绿色稍差，最次的为淡蓝色、无色。净度是越透明越好，晶莹剔透可产生柔和的强玻璃光泽的托帕石为佳。同等情况下，个头越大，价值也越高。

★产地遍布各地

世界上托帕石的主要产地为巴西、斯里兰卡、缅甸、美国、俄罗斯、爱尔兰、澳大利亚、日本、印度、墨西哥等，我国托帕石的主要产地有广东、广西、内蒙古、新疆、河北、江西等，我国产出的托帕石除少量黄、黄棕、淡蓝色外，以无色居多。目前帝王托帕石的唯一产地为巴西的米纳斯吉拉斯州，俄罗斯的乌拉尔山脉，巴基斯坦曾经也有产出，但现在已经不能大量产出了。大部分产自伟晶岩、云英岩、流纹岩，热液矿体中也有产出。帝王托帕石常与石英、白云石伴生。

★选购要擦亮双眼

市场上有很多经过优化处理的托帕石，所以消费者在选购时应要擦亮双眼。常见的优化处理方法为辐照，经过辐照的托帕石颜色稳定、漂亮，但可能有放射性残余，可能对人体有伤害，所以建议放置半年以上再佩戴。经过涂层的托帕石时间久了可能会有膜的脱落，选购时要加以注意。天然的托帕石中，以鲜艳纯正的酒黄色、橙色最受欢迎，而且透明度和净度越高，切工越好，价格越高。同时需要注意托帕石有一组完全解理，容易沿解理方向开裂，佩戴时应注意避免撞击。

十一、水晶

水晶是结晶完好的透明石英晶体，英文名称是 Rock Crystal，据说希腊人称作“Krystllos”，指“洁白的水”的意思。象征纯洁、纯净、美好。水晶品种很多，如根据颜色可分为白水晶、紫水晶、黄水晶、茶水晶等；根据所含包体可分为发晶、幽灵水晶等。

★水晶之王——白水晶

白水晶指无色的水晶，古称“水玉”“水精”，从透明到不透明，完全透明的水晶也被称为无色水晶。水晶在矿物学上属于石英族，主要组成成分是二氧化硅，摩氏硬度为 7，和空气中粉尘的硬度相近。人们将水盈通透的白水晶称为“水晶之王”，除此之外，白水晶还是“佛教七宝”之一。

白水晶是水晶的族群中分布最广，数量最多的。天然白水晶具有多种形态，完整的晶形可有六方柱状、菱面体状、锥状等，多是块状、六角柱状、柱状群生的晶簇。大部分的白水晶都有包含冰裂、云雾等内含物，完全通透的白水晶除非是小体积的（从大原矿直接切磨出来），大体积而又完全通透的白水晶价格较贵而且市面上假货比较多，尤其是白水晶球。

图 3-87　白水晶晶簇

★水晶中的“优雅贵妇”——紫水晶

紫色在东方和西方都被视为象征最高身份的颜色。水晶中，唯有紫水晶能发出这种高贵的紫色光芒。紫色总是给人高贵、典雅、成熟的感觉，紫水晶凭借这浪漫的颜色，总是可以成功地让人为其折服，被它所吸引。

紫水晶的原矿有很多种，有尖角晶体、晶簇、晶洞等，颜色也分很多层次，深色紫水晶和浅色的紫水晶都有。紫水晶中颜色分布不均，最常见的表现为色带和色块。紫水晶有多种不同的色调，可以浓度从浅丁香紫色至深紫色。紫色给人以神秘之感，紫水晶的颜色越浓，价值越高，其中浓紫带红的紫水晶最为贵重，但是非常罕见。而浅色的紫水晶比较受年轻人的喜欢，还有一个十分美丽的名字，叫作“法兰西玫瑰”。紫水晶的产地有巴西、乌拉圭、玻利维亚、阿根廷、赞比亚和纳米比亚等。南美洲出产的紫水晶颗粒较大且净度高，而非洲一些地区出产的紫水晶虽颗粒小但颜色更为浓艳，两者各具特色，实在是令人难以取舍。

图 3-88　紫水晶晶体

图 3-89　紫水晶戒指

图 3-90　紫水晶晶簇

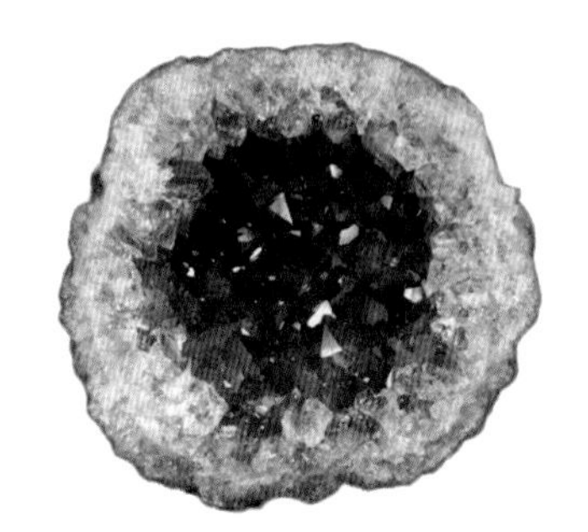

图 3-91　紫水晶晶洞

★水晶中的“财富之石”——黄水晶

黄水晶，顾名思义，就是黄色的水晶，属于石英的一种，由于产量较大，所以它的价格不高，是天然水晶家族中的重要成员，也是相当受欢迎的品种之一。黄水晶又名“财富之石”，传说有带来财运的作用。

黄水晶的英文名称为“Citrine”，意为“黄色”。黄水晶的致色元素为三价铁离子及二价亚铁离子。天然黄水晶在自然界中产出较少，主要产地为巴西。目前国内市场上的黄水晶大多数是由紫水晶加热处理得到的，颜色浅淡，色调单薄。经紫水晶加热得到的黄水晶的价值显然没有天然黄水晶的高。有些珠宝商也会通过辐照来加强浅颜色宝石的颜色，使宝石看起来更艳丽。这类黄水晶比较常见，而且价格通常比较便宜，颜色在室温下很难改变，所以普遍被社会大众所接受。

图 3-92　刻面黄水晶

图 3-93　黄水晶晶洞

图 3-94　黄水晶晶簇

★水晶中的“爱情之石”——粉水晶

粉水晶，又称蔷薇水晶、芙蓉石或玫瑰水晶，水晶的一种，是著名的爱情宝石。粉水晶的质地较脆，因内含有微量的钛元素而形成粉红色。透明度由不透明到半透明至透明。其主要的产地有巴西、美国、马达加斯加等。

图 3-95 粉晶晶体

图 3-96 粉晶耳钉

普通粉水晶产量多，其粉水晶内部常见白色石纹、天然云雾或天然冰裂纹，并且为透明、不透明至半透明。冰种粉水晶在造型上跟普通粉水晶比较像，只是它极度透亮，具有高度的通透性，以像冰一样的通透及沁凉感著名。内部很少见矿物包裹体，颜色温柔可爱。星光粉水晶是因为其内部含有定向排列的针状包裹体，当其雕琢为弧面宝石时，在单一光源下可看到三条直线中心相交形成六射星光。星光粉水晶可分为透射星光和反射星光两种。一般较好的星光粉水晶都产自马达加斯加。

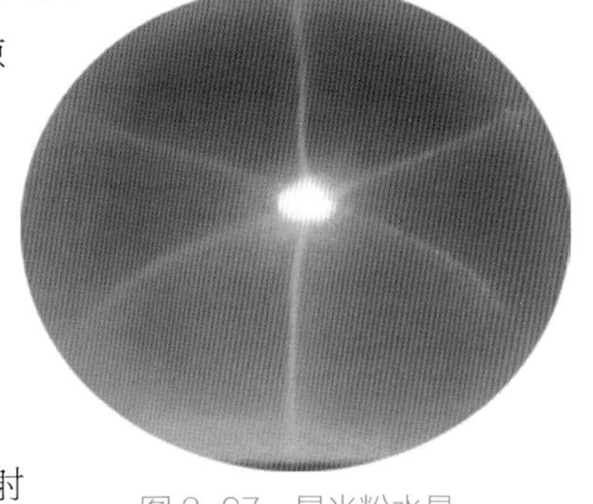

图 3-97 星光粉水晶

★水晶中的“沉稳绅士”——茶水晶

茶水晶色调温和，颜色为黑色或茶色，又称烟水晶、墨水晶。茶水晶主要成分是二氧化硅，晶体呈六角柱状，茶水晶和其他透明水晶一样，里面有内含物、冰裂。它的颜色深浅不一，有时会有浅棕色或深棕色，茶水晶的颜色来源是包含微量铝在内的水晶在矿床内受到放射线影响而产生空穴色心，导致水晶着色。除了铝元素，部分构成水晶的硅置换成铝离子也是成因之一。茶水晶主要产地有巴西、美国、马达加斯加等。我国的主要产地有内蒙古、黑龙江、山西、福建等。

图 3-98　茶水晶晶簇

图 3-99　茶水晶戒指

★水晶中的“神秘幻影”——幽灵水晶

幽灵水晶又名“幻影水晶”“异像水晶”等，其形成过程是因为在生长过程中，掺入了不同颜色的杂质，一般表现为在白水晶里，浮现如云雾、水草、漩涡甚至金字塔等形状，根据包裹体的颜色可分为绿幽

图 3-100　绿幽灵水晶

图 3-101　红幽灵水晶

灵、红幽灵、白幽灵、紫幽灵、灰幽灵水晶等。市场上最常见的就是绿幽灵。

★水晶中的“另类之晶”——发晶

发晶的名字来源于其内部包裹体的形态，其包裹体的形态一般为定向排列的针状、纤维状、放射状，犹如水晶里面包含住了发丝，所以称为“发晶”。其包裹体多为绿帘石、金红石、角闪石、自然金黑色电气石或者是阳起石等。而包含各种不同矿物质的发晶就会形成不同的颜色，如：钛（金发）晶、红发晶、银（白）发晶、黄发晶、黑发晶等。

图 3-102　钛晶

图 3-103　红发晶

发晶名字中的“发”具有“升”的意思，寓意美好。加上发晶中的“发丝”有多种形态、各种颜色，晶体可晶莹剔透。如若其中的包裹体光泽度较高，则其在光线的照射下，可见金属光泽、光彩夺目。而且发晶有较强的装饰性，价格也不高，所以深受广大消费者欢迎。发晶可被加工成项链、手链、耳坠、胸坠、摆件等装饰品和工艺品。

★水晶中的“圣水之晶”——水胆水晶

水胆水晶是水晶晶体中有一颗或数颗能自由滚动的水珠，可分别叫：一胆水晶、双胆水晶、三胆水晶和多胆水晶（水胆超过 3 个）。其产生原因是：水晶在形成过程中，气体、液体或石墨微粒等物体瞬间进入其中。如果进入的液体不是水，而是石油，则称其为油胆水晶。这类水晶在无色、紫色和茶色等种类中均可见。

图 3-104　水胆水晶

十二、长石

长石是一族含钙、钠和钾的铝硅酸盐类矿物，为地壳中最常见的矿物，在宝石学中主要有碱性长石和斜长石两个系列。碱性长石系列也被称为钾长石系列，可分为正长石、透长石、微斜长石以及歪长石；斜长石系列可分为钠长石、奥长石、中长石、拉长石、培长石和钙长石。

★“青光淡淡如秋月，谁信寒色出石中”——月光石

月光石，又叫“月长石”“月亮石”，英文称作 Moonstone，属于钾长石系列。月光石常呈现蓝色、白色或黄色的晕彩，晕彩柔和寂静，

图 3-105　蓝色月光石

图 3-106　橙色月光石

宛如皎洁的月光，散发着温婉的魅力，所以将其称为月光石。

月光石和珍珠、变石一起被誉为六月的生辰石，其月光效应是因为内部正长石和钠长石两种矿物平行相互交生，两种矿物的折射率不同，光的折射、反射等综合作用使其表面产生蓝色、灰色、橙色等不同颜色的浮光，其中以蓝色价值最高。月光石的颜色有无色、白色、粉红色、橙色、黄色、绿色、暗褐色、棕色等。其晕彩为蓝色的月光石称为蓝月光石，以此类推，还有白月光石和橙月光石。有时候，还能见到带有猫眼和星光效应的月光石，也很美观。

图 3-107　月光石猫眼

图 3-108　星光月光石

★“太阳神的礼物”——日光石

日光石属于斜长石系列中的奥长石，也称“太阳石”或“砂金长石”。因为内部含有许多排列整齐、颜色鲜艳的片状包体，当其被光源照射时，可产生砂金效应，即反射出红色或金色的亮点，好似太阳四射的光芒。有人认为它是太阳神赐给人类的礼物。

日光石多呈透明到半透明，颜色多为深橘黄色、金色、金褐色，偶见无色。内部包裹体一般为赤铁矿、针铁矿等红褐色片状矿物，在反射光下多具金属质感，呈现金黄色耀眼的闪光，被称为“砂金效应”，也叫“日光效应”。一般来说，日光石以颜色鲜艳热情，半透明且包裹体闪光强者为佳，净度高且透明者罕见。

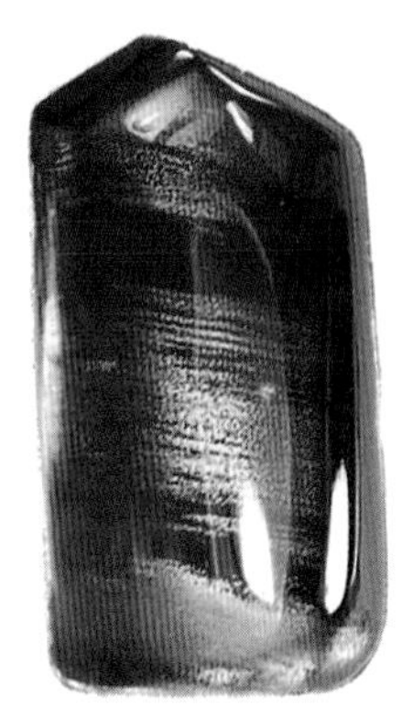

图 3-109　日光石

★“侧而视之则碧，正而视之则色白”——拉长石

拉长石，英文名称 Labradorite，是斜长石中的一种。拉长石一般为灰、褐到黑色，可作宝石的拉长石有红、蓝、绿色的晕彩。拉长石又称光谱石，因为它可以闪现出像太阳的七彩光芒而得名。

由于拉长石常具聚片双晶或具有因固溶体析离形成的钠长石的微细

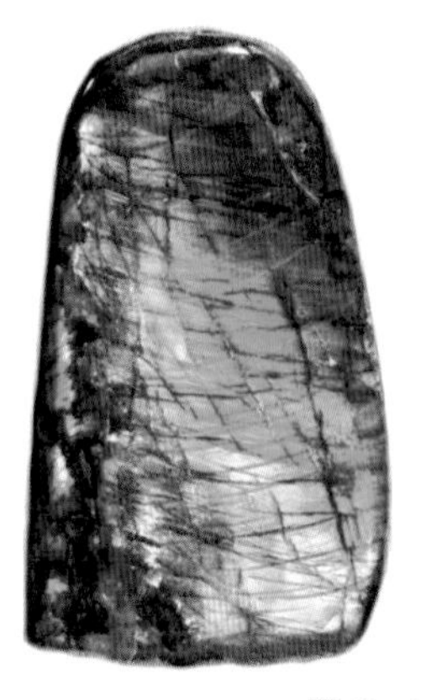
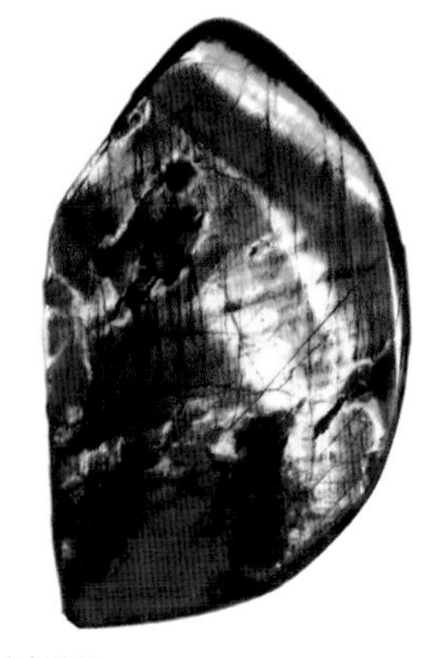

图 3-110　拉长石

的交互层以及时有平行晶面的微细孔隙，致使其透明或半透明品种可具有特殊的光学效应——晕彩效应。

图 3-111　蓝绿色、天蓝色拉长石

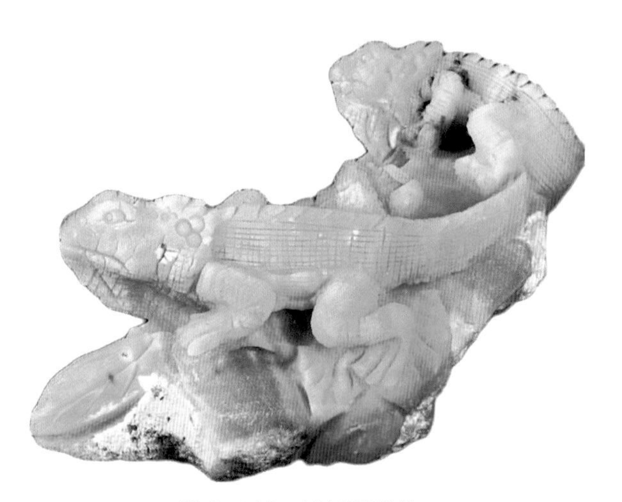

图 3-112　拉长石雕件

★ “亚马逊石”——天河石

天河石，又称“亚马逊石”，英文名称为 Amazonite。其矿物成分为微斜长石，是钾长石的一个品种，由于含少量铷和铯而呈绿色、蓝绿色和天蓝色，微透明 - 半透明，产地多、产量大，被用做饰品材料的时间比较久，是一种很大众化的宝石材料，天河石的绿色和白色色斑呈格子状，其解理可呈现闪光。这是因为它独特的双晶结构。这是与翡翠的根本区别。天河石一般是用来做成雕刻品，颜色纯正，质地明亮，再加上透明度也还不错，所以也很受欢迎。

CHAPTER 4

第四章

玉石的内敛沉稳

在《说文解字》一书中有这样的描述："玉，石之美者"，即长得颜值高的石头就可称为"玉"。在国家标准《珠宝玉石　名称》中有这样的规定：由自然界产出的，具有美观、耐久、稀少性和工艺价值，可加工成饰品的矿物采合体，少数为非晶质体。所以"玉"并不是特指某一品类，如翡翠、和田玉，而是所有种类玉石的总称。

图 4-1　各种玉石

一、翡翠

翡翠（Jadeite），也称翡翠玉、翠玉、缅甸玉，是玉石的一种。宝石学的定义是以硬玉矿物为主的辉石类矿物组成的纤维状集合体。中文名称翡翠原为鸟名，所以两字都有"羽"字旁。汉代许慎《说文解字》中曾有这样的描述："翡，赤羽雀也；翠，青羽雀也"。后借用它来命名既有红又有绿的翡翠玉石，红色的玉称为翡，绿色的玉称为翠。

★玉石之王

翡翠是玉石王国中最为珍贵的材料，因其色泽艳丽、产出稀少、质地滋润、韧性较强、硬度高，在玉石家族中有“玉石之冠”“玉石之王”的美誉。翡翠的主要组成矿物为硬玉或足辉石，还可含有少量的角闪石、长石等矿物。翡翠的摩氏硬度 6.5~7，质地坚硬，呈半透明到不透明。翡翠因含各种杂质元素，造成颜色种类众多，有绿、红、黄、紫、黑、白等，其中以翠绿色品种价值最高，翠绿色如雨洗冬青、凝翠欲滴、晶莹剔透、硬而不脆。翡翠常用于做戒面、手镯、耳环、胸针、项链以及雕刻工艺品等。翡翠的产地主要在缅甸，世界上 90％以上的翡翠产自这个国家，商业级翡翠更是仅有缅甸出产。作为不可再生资源，翡翠矿在几百年的开采后已近枯竭，宝石级的翡翠更是少之又少。

图 4-2　翡翠观音吊坠

图 4-3　翡翠手镯

图 4-4　翡翠项链

★品类众多

行业上经常会听到“千种玛瑙万种翠”的说法，其实指的是翡翠的种类十分繁多，尤其是翡翠的种和色，千变万化。

1. 玻璃种

玻璃种的透明度等级最高，像玻璃一样，质地细腻、晶莹剔透，可见起荧现象，即由于翡翠的内部结构对光的反射，形成柔和的亮光。玻璃种可以说是对最高档次的翡翠的称呼。

图 4-5　玻璃种翡翠

图 4-6　冰种翡翠

2. 冰种

冰种翡翠仍属于高档翡翠，但是透明度略次于玻璃种，因为像冰一样透明，所以被称为冰种。

4-7　糯米种翡翠

3. 糯米种

糯米种的质地看起来就像煮熟的糯米一样细腻，结构较为均匀，但是在 10 倍放大镜下可见模糊的颗粒界限。

4-8　豆种翡翠

4. 豆种

豆种翡翠是翡翠中十分常见的一种，因为翡翠是一种矿物集合体，当组成矿物的晶体颗粒较粗时，肉眼便可见清晰的颗粒边界。看起来像是一粒一粒的绿豆，所以叫作豆种。豆种的翡翠透明度较差，呈半透明到微透明。根据质地以及水头又可分为不同的种类，如豆青种、冰豆种、油豆种、猫豆种、细豆种等。

5. 油青种

油青种的翡翠呈现深绿色，可掺有灰色或蓝色，色调沉闷，不够鲜艳，多呈现半透明，具有油脂光泽，质地较为细腻。按色调可细分为“见绿油青”“瓜皮油青”和“鲜油青”等。

图 4-9　油青种翡翠

6. 花青种

花青种的绿色呈脉状或者斑状分布，其底色一般为淡绿色，还可为其他颜色，质地可粗可细，呈半透明到不透明，因为绿色分布不规则，时而密集，时而疏落，时而深，时而浅，所以称为花青种。花青种还可分为：糯地花青翡翠、冰地花青翡翠、豆地花青翡翠、普通花青翡翠、马牙花青翡翠、油地花青翡翠等。

图 4-10　花青种翡翠

7. 白底青种

白底青种的底色一般较白，绿色一般呈斑块或团块状分布，其中可能会含有一些杂质，质地较粗，透明度较差，基本不透明。该种是缅甸翡翠中较常见的一种，多数属于中档翡翠，常作为小摆件或者饰品。

图 4-11　白底青种翡翠

8. 芙蓉种

芙蓉种的颜色一般为淡绿色，基本不带有黄色，但温润而淡雅，有种脱俗之美。颜色分布较为均匀，呈现半透明状，质地细腻。给人们一种如芙蓉般的淡雅之感，清淡脱俗。

图 4-12　芙蓉种翡翠

9. 金丝种

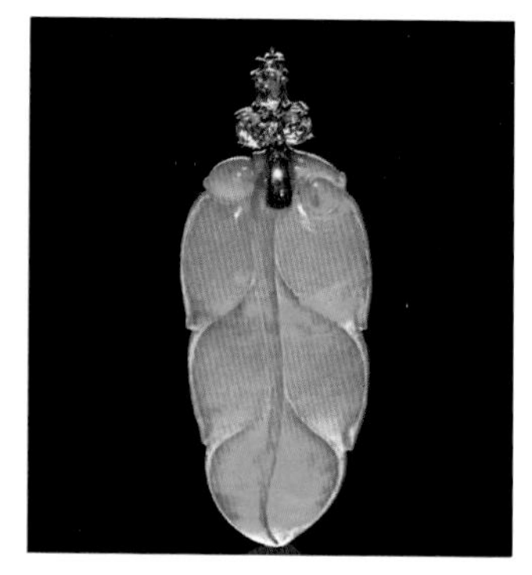
图 4-13　金丝种翡翠

金丝种指的是翡翠的颜色成丝状分布，绿中带黄，绿丝可粗可细，可以连续也可以断开，透明度较好。翡翠的绿丝越细越密，所占面积越大，颜色越鲜艳，价值越高。

10. 紫罗兰

紫罗兰翡翠的底色为紫色，一般都较淡，好像紫罗兰花的紫色，因此命名。其中有茄紫、蓝紫、粉紫等，透光性从冰种到糯种等。当紫色和其他颜色配在一起时，通常称其为椿（春），椿（春）其实也就是紫的意思。紫罗兰翡翠尤其受欧美人的喜爱。

图 4-14 《一念》于丰也作品

图 4-15　紫罗兰翡翠

11. 墨翠

图 4-16　墨翠

墨翠的颜色十分有趣，表面看起来是黑色，但在透射光下呈现绿色。这是因为墨翠的主要组成矿物为绿辉石，次要矿物为硬玉。绿辉石常呈灰绿色、暗绿色、蓝绿色或深绿色。墨翠切成薄片时可透光，但是较厚时便不透光。颜色比较均匀，抛光度较好。

12. 红翡、黄翡、藕粉翡

翡翠，红为翡，绿为翠。翡又分红、黄二翡。在市场上，红翡的价值最高，黄翡次之，其余依次为棕黄翡、褐黄翡。藕粉种呈浅粉紫红色，质地细腻，很是可爱。

图 4-17　红翡

图 4-18　黄翡

图 4-19　藕粉翡

13. 福禄寿种

福禄寿种是指一块翡翠上能够出现同时有绿、红、紫（或白）三种颜色，寓意幸运美好，代表福禄寿三喜，所以称其为福禄寿种。这一品种的翡翠十分难得，种水极好的翡翠更是难得。

图 4-20　福禄寿翡翠

14. 铁龙生种

“铁龙生”在缅甸语是“满绿色”的意思，也称为“天龙生”。其颜色分布不均匀，常呈微透明到不透明，硬度较低。

图 4-21　铁龙生翡翠

★翡翠的“整容史”——A 货 B 货 C 货

在购买翡翠时，经常会听到有人说 A 货 B 货 C 货。那 A、B、C 货是指什么呢？是说翡翠 A 货品质最优，C 货品质最差吗？其实不然，所谓的翡翠 A、B、C 货实际上是珠宝行业内部对于天然翡翠和优化处理翡翠的别称。

1. 什么是 A、B、C 货？

A 货指的是天然翡翠，未经充填和染色处理；B 货指的是经过漂白填充处理的翡翠；C 货指的是经过染色的翡翠；既经过漂白填充处理又经过染色处理的翡翠称为 B+C 货。

2. B 货鉴别

B 货，也叫“冲凉货”。其光泽较弱，颜色不自然、漂浮、无层次感。在紫外荧光灯下可呈无荧光或蓝白、黄绿色荧光；但是大多数天然翡翠是没有荧光的，或荧光很弱。B 货翡翠质地通透，但其价值很低，往往不到同等外观 A 货的十分之一。通过白光透射，B 货会特别白，而 A 货缝隙中多多少少都会有点杂质。另外，B 货的敲击声会嘶哑沉闷。B 货翡翠的一大特征就是表面有酸蚀网纹及分布均匀的龟裂状坑纹。这是由于翡翠与填充物质各自的膨胀收缩系数不同，使填充物明显低于两边。

3. C 货鉴别

翡翠的颜色是翡翠价值的重要指标之一，有人为了牟取利益，将颜色较差的翡翠进行人工染色，以次充好，这样的染色翡翠被称为 C 货翡翠。其颜色不自然，分布均匀，常带有黄色或蓝色调，无“色根”，容易褪色。多数绿色翡翠在查尔斯滤色镜下呈现红色，但也有例外。随着染色技术的不断提高，现在也可以使同一块翡翠上不均匀地分布多种颜色了。10 倍放大镜下，可见染色翡翠的颜色沿裂隙分布，呈树状；天然翡翠的裂纹和空隙中则没有这种现象。

图 4-22 A 货翡翠

图 4-23 B 货翡翠表面

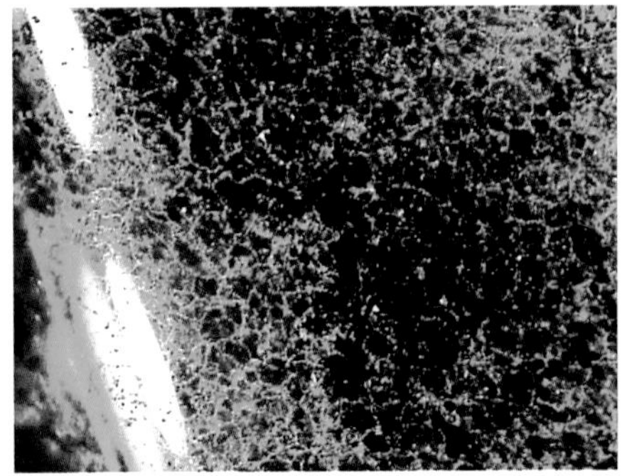

图 4-24 B+C 翡翠货表面

随着翡翠价格暴涨，越来越多的女性对翡翠玉镯产生兴趣，认为它不但美观，还能保值。但目前珠宝市场上鱼龙混杂，不良商贩的造假水平和规模都让人吃惊。下面就为大家揭秘制作翡翠 B、C 货那些鲜为人知的制作全过程。

4. B 货的制作

首先要选择基底泛黄、灰或褐等脏色调的原料，并且结构疏松，不要太致密；将选好的原料用强酸长时间浸泡，去除杂色，凸显绿色，基底变白；用强酸洗过的原料，需用弱碱性饱和溶液浸泡，中和残留在原料内的强酸，以免继续腐蚀原料；中和反应过后，再用清水冲洗，放入烘箱内烘干；酸洗后翡翠结构遭到破坏，需用环氧树脂等有机物进行充填，这样不仅可以增强翡翠的强度，还可以提高它的透明度；最后，还要打蜡、抛光，使其美观。

5. C 货的制作

将颗粒较粗、结构松散的翡翠用稀酸清洗；用烘箱烘干后，将其放入含有染料（一般为氨基染料）或颜料（一般为铬酸盐）的溶液中，一边染色一边加热；将上好色的翡翠烘干，然后上蜡、抛光。

小贴士

建议大家今后购买翡翠饰品最好到正规的商场或专业的珠宝市场，购买具有正规鉴定证书的玉石饰品，以防上当受骗。

★抵挡和识别“冰翠”——翡翠的新仿品

1. 何谓“冰翠”？

乍听这个名字，很多人会把它当作是冰种翡翠的简称，其实大错特错。“冰翠”虽然在外形上与冰种翡翠很是相似，但它却不是翡翠，而是自然条件下形成的绿色玻璃，非常透明，因此唤作是“冰翠”。冰翠实际上是一种天然玻璃，物理化学性质和玻璃一样，比重硬度也一样。天然玻璃是指在自然条件下形成的“玻璃”，主要化学成分为二氧化硅。根据成因可将其分为黑曜岩、玄武岩玻璃为代表的岩浆喷出型玻璃，另一种为陨石型的玻璃陨石。

2. 与翡翠毫不相干

“冰翠”和翡翠的矿物成分差别很大，前者是自然条件下形成的玻璃，化学成分都是二氧化硅，而翡翠属于辉石类，化学成分是硅酸铝纳。天然翡翠可以直观地看出棉、色根以及颜色的浓淡，但所谓的“冰翠”，即天然玻璃，没有任何杂质，质地通透，颜色鲜艳。两者之间存在着本质差异。

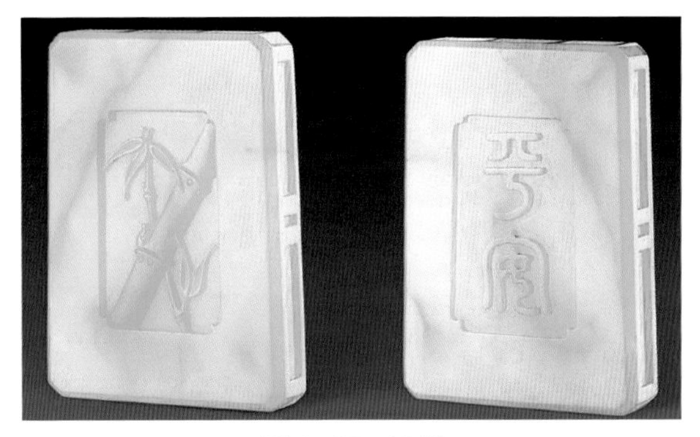

图 4-25　冰翠

图 4-26　珊瑚镶冰翠胸针

3. 识别冰翠的方法

对于“冰翠”与冰种翡翠的识别，可以采用放大镜观察、触摸感受温度、掂量重量、两两对碰等方式来进行区分。在 10 倍放大镜下，玻璃制品内会有气泡、旋涡纹，可通过观察其表面、内部是否有气泡的痕迹进行鉴定真伪。玻璃的导热性较好，可以通过用手触摸来鉴别，玉石的热稳定性较高，受外界温度影响不大，玻璃的比重比翡翠的低，密度也相对较低，可用手掂比重的方式进行鉴别。相同大小的玻璃和翡翠，会感觉玻璃明显轻于玉石。再者还可以通过听声的方式鉴别，两个天然翡翠手镯轻轻对碰，发出的声音清脆；而材质为玻璃的手镯或处理过的手镯声音则沙哑发闷。

小贴士

翡翠一直以来都广受消费者喜爱和推崇。现今市场上高品质翡翠价格居高不下，经过处理过的翡翠及其仿制品层出不穷，并不断推陈出新。但是作为商家，应该秉着诚信经营的理念，为顾客提供高质量产品，而消费者平时也要多看多了解，拒绝贪小便宜。

二、和田玉

和田玉是中国最受欢迎的玉石品种，无论玉质方面和历史文化地位均居四大名玉之首，同时也是中国几千年玉文化的载体。中国对和田玉的开发利用历史悠久，源远流长。和田玉是由透闪石和阳起石矿物的纤维状微晶交织排列组成的矿物集合体。色泽温润，常带有油脂感的玻璃光泽或油脂光泽。

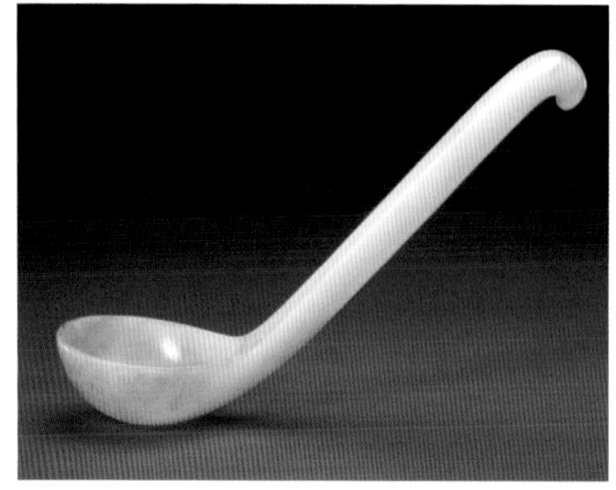

图 4-27　白玉勺　唐
现藏于故宫博物院

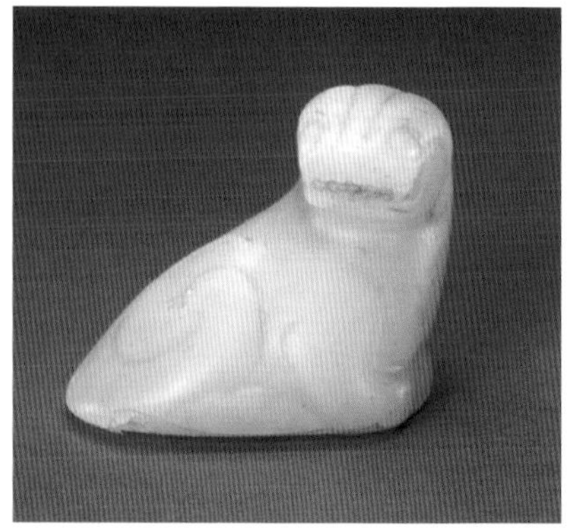

图 4-28　白玉卧虎　魏晋南北朝
现藏于故宫博物院

★不只产自新疆

和田玉是软玉的一种，也有人叫它“真玉”。“和田玉”之前特指新疆和田地区出产的软玉，而现在和田玉这个名称并没有产地意义。在国家标准《珠宝玉石 名称》中规定，由产地演变而来的玉石品种名称已不再具有产地含义，所以现在的和田玉指透闪石成分占98%以上的玉石，也称为软玉。现在市场上的和田玉主要产于俄罗斯、韩国等，我国的主要产区有新疆、青海等，其中以新疆和田地区产出的和田玉最为著名。

★颜色丰富

和田玉的种类很多，如果按颜色分类，可分为白玉、青白玉、青玉、黄玉、墨玉、糖玉、碧玉等。

1. 白玉

白玉的颜色为白色，还会带有少量的灰、黄以及青色调。依白色及质地的不同，又分为羊脂白、梨花白、雪花白、象牙白、鱼肚白、鱼骨白、糙米白和鸡骨白等多个品种，其中以羊脂白最佳。目前中国新疆的羊脂白玉非常稀少，极其名贵。

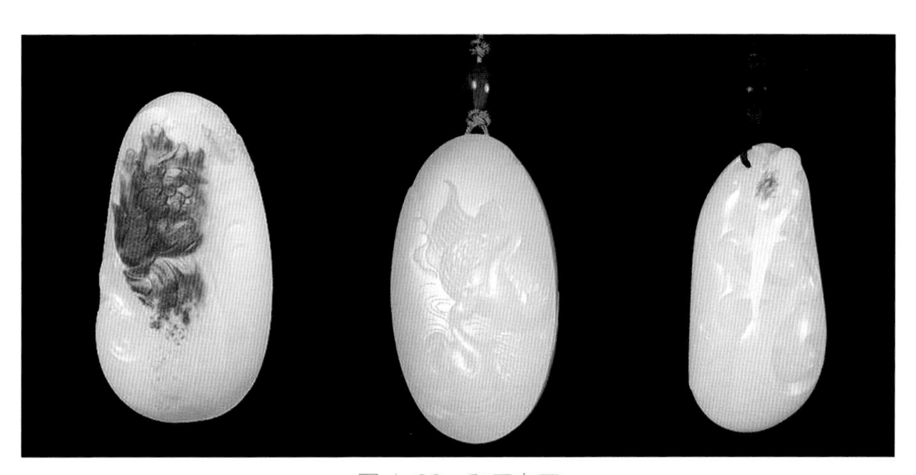

图 4-29 和田白玉

羊脂玉是和田玉中最受欢迎的一个品种，呈脂白色，可带有少量的淡青色、乳黄色等，质地细腻，油脂光泽强。羊脂玉还呈糖色，根据糖色的多少还可将其细分为羊脂白玉、糖羊脂白玉。

2. 青白玉

青白玉是指一种灰白或带有淡淡的灰绿色的和田玉，其颜色介于青玉与白玉之间，通常主体色仍是白色，在白玉中微微带有绿色、青色、灰色等，常见有葱白、粉青、灰白等，属于白玉与青玉的过渡品种，在和田玉中较为常见。

3. 青玉

青玉是指从淡青色到青色的和田玉，这一颜色系列的和田玉可以分为很多种，在古籍记载有虾子青、鼻涕青、蟹壳青、竹叶青等。现代根据青玉颜色的深浅，还可分为淡青、深青、碧青、灰青、深灰青等。和田玉中以青玉最多。青玉的质地与白玉很相似，但颜色不如白玉受欢迎，故其价格较低。

图 4-30　青白玉

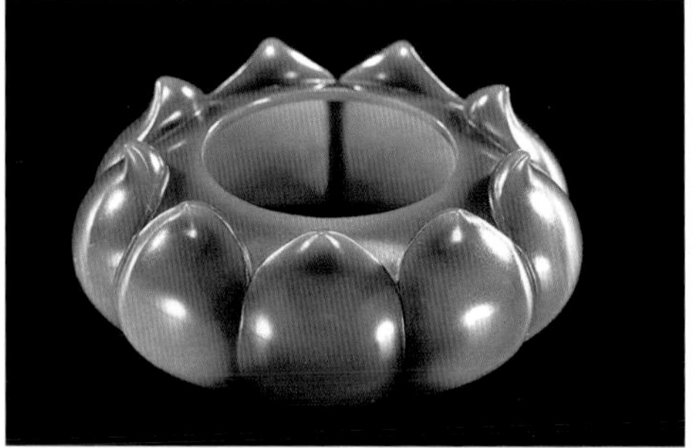

图 4-31　青玉

4. 黄玉

黄玉由淡黄色到黄色，致色原因是因为含有氧化铁。根据黄玉黄色的深浅，可分为蜜蜡黄、秋葵黄、栗色黄、鸡蛋黄、米色黄、黄杨黄等，其中最受欢迎的为蜜蜡黄和栗色黄。黄玉比较少见，品质优良的黄玉价值不次于羊脂玉。

图 4-32　黄玉三羊尊　清
现藏于故宫博物院

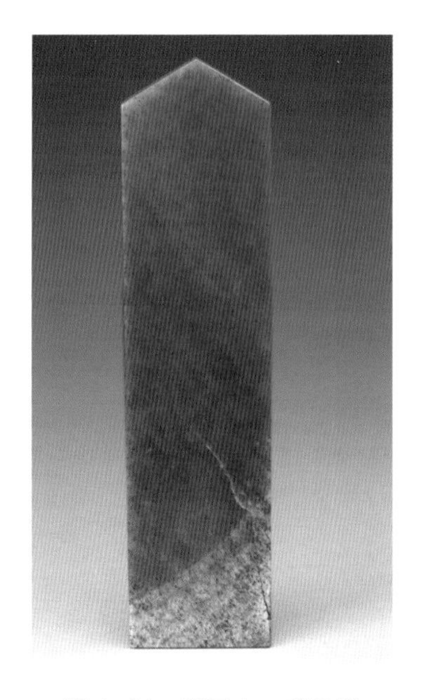
图 4-33　墨玉圭　明早期
现藏于故宫博物院

5. 墨玉

墨玉指墨色到淡黑色的和田玉，其主要组成成分是透闪石，但是因为含有石墨所以呈现黑色。因为石墨的含量及分布情况不同，所以墨玉上的黑色还可呈现点墨、聚墨、全墨等形式。颜色分布较均匀，或浸染状的黑点密布，或大理石般云纹状态分布，或纯黑色。墨色可为叶片状、云雾状、条带状、浸染状等。其工艺名称有乌云片、淡墨光、金貂须、美人须等。品质优良的墨玉为黑如纯漆者，因非常罕见而极其珍贵。墨玉质地细腻，多为蜡状光泽。墨玉大都是小块的，其黑色皆因含较多的细微石墨鳞片所致。

6. 糖玉

糖玉可呈红褐色、黄褐色、黑褐色等色调，像是红糖一样。其致色原因是原生或次生作用，被氧化铁、锰质浸染，当糖色部分大于 85% 时可以称为糖玉。糖玉中以血红色最佳，但是鲜红色的相当罕见。

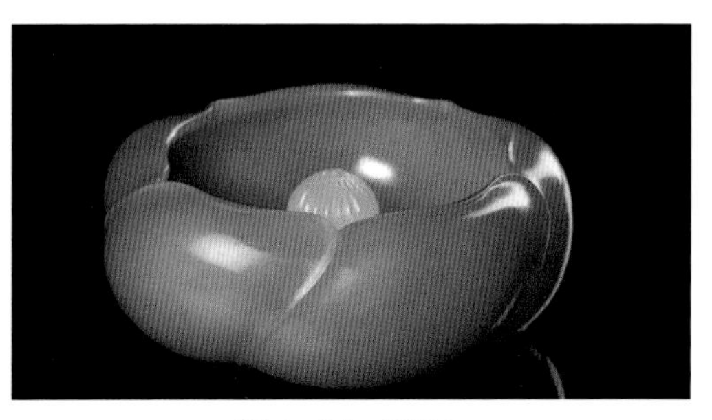
图 4-34　糖玉

7. 碧玉

图 4-35　碧玉凤鸟形砚滴　清
现藏于故宫博物院

碧玉是指青绿、暗绿、墨绿色、绿黑色的和田玉，常见为菠菜绿色。优质的碧玉也是十分名贵品种，但价值不如羊脂玉。通常碧玉的质地不如其他品种的均匀洁净，常含有较为明显的黑斑、白筋等。碧玉中的阳起石和绿帘石含量比其他种类和田玉中的含量多。黑色磁铁矿可产生黑色斑点，但因其颜色不均，多用于制作器皿。某些碧玉与青玉不易区分，一般碧玉指色调偏深绿色的和田玉，青玉指色调偏青灰色的和田玉。

★产状多样

根据和田玉的产地及产出状态，可以分为：山料、籽料、山流水料和戈壁料四类。

1. 山料

山料又称山玉，当地百姓称之为宝盖玉，指的是产于海拔很高的新疆地区雪山上的原生玉矿，和田玉最初的形成状态是山料，玉矿平均海拔都在和田地区昆仑山 4500 米以上，目前随着山料越来越少，高度增加使得开采越来越不易。山料开采大多在每年六月到十月，除此之外的时间昆仑山大雪封山，无法上山了。

山料特点：块度大小不一，具有明显的棱角，质地不如籽料，表面较为粗糙，有明显的颗粒感。可带有黑色、黄色或褐色的次生色。其主要产地是昆仑山，所产的青玉和白玉较多，但是质量高的山料主要分布在高海拔地区。

2. 籽料

山料经过地质运动、冰川运动、雪水的冲击，碎块从昆仑山上翻滚下来，随河流流入新疆玉龙喀什河中。经过流水的长期冲刷剥蚀和水中的自然滚动磨砺，去粗取精，留下料质最细腻结实的部分。籽料的开采要比山料容易的多，主要是机械开采和人工开采两种方式。但是籽料采挖是一种很有运气和偶然性的事情，有时候挖一两个小时就会出一块玉石，但大部分十天半月，甚至一年一块玉石见不到，所以很有赌性。现在稍微有实力的人都采用大型机械挖掘机采挖，挖掘机开采费用，加上人工费用等成本实在太高，绝对的赌博。

籽料特点：块度比较小，表面光滑，质地较致密。一般为卵石形状，表面很光滑圆润，带皮色（玉料的疏松部分或绺裂处受到矿物的侵入形成的颜色），并且有自然形成的点坑，行话叫“毛孔”。由于受到长期冲刷和自然分选，可以说籽料是大自然精心筛选的优良玉料。

图 4-36　和田玉原石

图 4-37　和田玉原石

3. 山流水料

指在大自然中经过自然风化、雨水冲刷、泥石流等作用后从山上自然剥落的玉料，山料在自然作用下被运到了河流上游。即在没有变成籽料之前介于山料和籽料之间的玉石叫山流水料。山流水料一般出现在半山腰。

山流水料特点：块度较大，玉石棱角稍被磨圆磨掉，一般无风化面，表面已经变得比较光滑，玉料比山料更润滑、细腻，油性稍好，形成时间比山料稍久远。

4. 戈壁料

戈壁料就是和田玉原生矿分化后，被雪水冲击到半山腰或者玉龙喀什河古河床，因为河流改道，原有的河床被沙掩盖，在经过大自然的搬运和亿万年的风吹日晒后，形成的表面具有不规则坑窝状的玉石。戈壁料是分布在塔里木盆地南沿－昆仑山北坡下的戈壁滩上，可看作由两部分组成，一部分是山流水料，一部分是籽料。因风沙作用，很多都带有较深的光滑的麻皮坑（也叫柚子皮、橘子皮、鱼子皮）或波纹面，其硬度比较高，普遍具有很好的油性。

戈壁料特点：产量非常少，块头一般不大，表面有不规则坑窝，像麻子一样，质地坚硬。

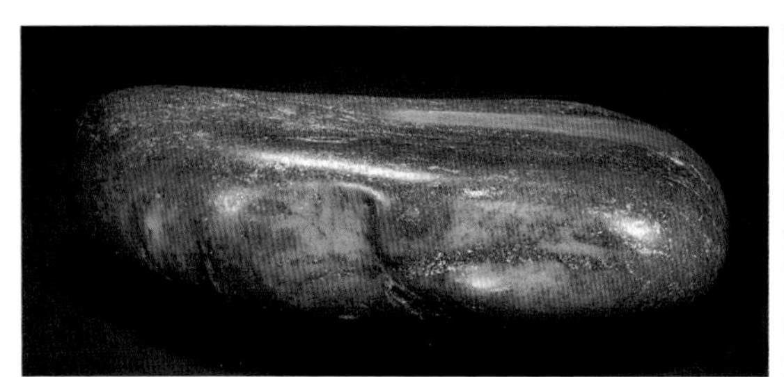

图 4-38 和田玉原石

图 4-39 和田玉原石

三、独山玉

独山玉产于河南南阳的独山，也称“南阳玉”或“河南玉”，也可简称为“独玉”，是一种产在辉石岩岩体中的蚀变斜长岩。独山玉颜色丰富、品种多样，而且玉质坚韧缜密、细腻柔润。由于有些独山玉的品种在外观上与翡翠近似，20 世纪 50 年代苏联的地质学家就曾误把独山玉归属于翡翠类型的矿床。作为四大名玉之一，近年来已开始渐渐发展，受到更多人的关注。

图 4-40　独山玉和若春风摆件

图 4-41　独山玉清露摆件

★基本特点

独山玉的矿物主要组成成分为斜长石和黝帘石，其次为辉石，含铬绿泥石或铬云母、绿帘石、黑云母和少量的阳起石、方解石和绢云母等矿物。由于组成独山玉的各种矿物含量变化较大，所以独山玉的化学成分和物理性质也不稳定。组成独山玉的矿物粒度较小，平均粒度小于 0.05 毫米，属于细粒或隐晶质结构，质地较为致密，但常常出现色带、色斑等构造特征。独玉质地坚韧、细腻柔润，色彩多，具有玻璃光泽或者油脂光泽，不透明到半透明。

★颜色多样

独山玉的颜色多样，有绿、白、红、黄、紫、蓝、黑、酱（薯）色等，一块独玉上面经常会有两种以上的颜色，这也是独玉所独有的最大特征。但是颜色分布不均，常见为绿和白，其次为黄褐、褐红、粉红和墨色，并依颜色划分成不同的品种。其中绿色独山玉与翡翠比较相似。

1. 绿独玉

这是独山玉中最重要的品种，有的因具有上佳的绿色而酷似翡翠，而享有“南阳翡翠”之称。随着连年的开采，这种优质的绿独玉已经很少见。绿独玉在矿物成分上以斜长石为主，含量常达 80%~85%，另含铬云母 5% ~10% 和少量的黝帘石、绿帘石、透辉石等。由于绿独玉以斜长石为主要成分，所以它在众多品种的独山玉中以折射率（1.56）和比重（2.70）偏低为特征，其颜色除了艳绿色（与翡翠的艳绿色相比，它总是带有轻微的蓝色调）之外，更常见黄绿或灰绿色，并常夹杂有白色（白独玉）条纹。按颜色不同可再分为“天蓝种”“油绿种”“豆绿种”“麦青种”等。这些品种中除翠绿种外，以半透明的带蓝色调的绿色品种——天蓝种（也叫“天蓝玉”）为最佳。

2. 白独玉

独山玉中的重要品种，通常呈白、乳白和灰白色，有的似白玉那样的白色（但与白玉相比，它的透明度稍高，玻璃光泽较强）。在矿物组成上，也以斜长石为主，含量可高达 90%，另含黝帘石 10%~15%，以及少量的透辉石、绿帘石等。由于白独玉也是以斜长石为主要组分，所以它的折射率、

图 4-42　独山玉手镯

比重与绿独玉相似，与其他独山玉相比也普遍偏低。白独玉也可再分为若干种，如色较洁白、透明度也较好的“透水白种”，色白但近于不透明的“细白种”，色白但不透明的“干白种”，以及色灰白至铁青色的乌白种等。其中一般以“透水白”为最佳。由于历年的开采，现在整块的白独玉已很少见，多与其他颜色的独山玉夹杂分布。

图 4-43　独山玉独钓寒山雪摆件

3. 红独玉

一般呈粉红色或芙蓉色，故有“芙蓉玉”之名。罕见独立存在，多与白独玉呈渐变过渡关系，或与其他色共存且常深浅不一。红独玉的红色一般认为可能来自金红石或部分含锰的黝帘石。

4. 黄独玉

黄独玉的主要矿物成分为 70% 左右的斜长石，25%~30% 的黝帘石和绿帘石，还可以有少量的阳起石和榍石。黄独玉呈现不同深浅的黄色、黄绿色、褐黄色或灰褐至暗褐色，还杂有白色或褐色的团块。团块与周围的颜色呈过渡关系。根据颜色的不同可分为“黄玉种”和“褐玉种”。

5. 紫独玉

呈浅紫、紫罗兰、绛紫到所谓红亮紫的独山玉，并常与暗绿和褐黄绿色相伴，或渐变过渡为白色。在矿物组成上以含有一定量（1%~5%）的黑云母为特征。人们认为它的紫色有可能就是来自黑云母。常按颜色的不同而分“紫色种”“熟色紫种”“红亮紫种”“绛色种”等。

图 4-44 独山玉童年摆件

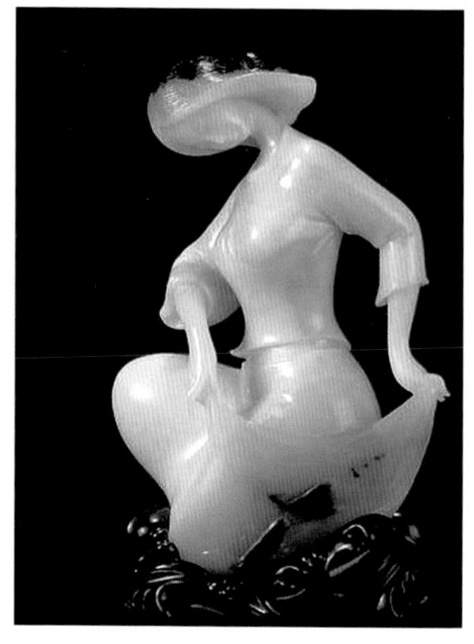

图 4-45 独山玉在水一方摆件

6. 青独玉

一般呈青色、灰青色、蓝青色，具有较大的块度，常呈块状或条带状产出，通常透明度很差，不透明或近于不透明，是独山玉中较常见的品种，也是品质较差的品种。在物质组成上它与其他独山玉有着明显的差异，斜长石含量一般仅占 20% 左右，另含 70% 左右的普通辉石类矿物及 5% 的透辉石，黝帘石的含量通常不超过 1%，所以它实际上是一种辉长岩。在独山玉中它以具有最高的折射率（1.67~1.7）和最大的比重（3~3.2）为特征。

7. 黑独玉

黑色独山玉，颜色如墨，颗粒较大，常常成块出现。不透明，是独山玉中最差的品种。

8. 杂色独玉

也称为五花玉，是独山玉中最常见的品种，表现为多种不同颜色，或呈条纹状、斑块状、斑点状互相掺杂、交集在一起。这种独山玉矿物组成最为复杂，其中主要矿物斜长石含量多在 40%~50%；黝帘石含量也常在 40% 左右；另外常含绿到蓝绿色的铬云母 5%~10%，黄绿色的绿帘石和透辉石 5%~10%，粉红色的含锰黝帘石或金红石 1%~5%，紫褐色的黑云母 1%~3%；此外，还可能有黑色的角闪石、白色的沸石等。由于组成成分的复杂性，因而就使其不同部位的折射率和比重也会不尽相同。根据颜色和花纹的不同，人们又将其细分为“菜花玉”“间彩玉”“斑玉”“黑花玉”等。

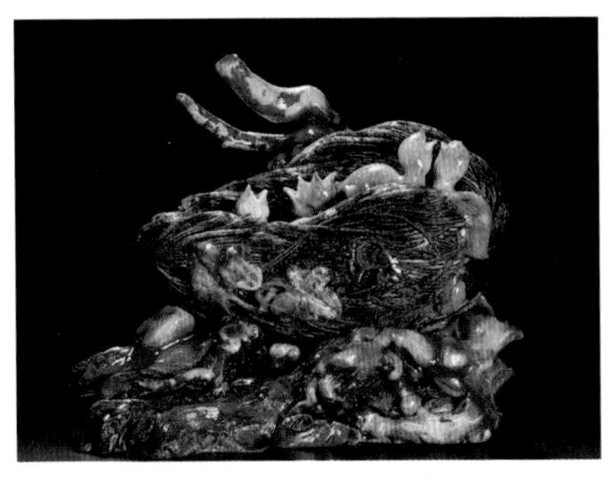

图 4-46　独山玉晨曲摆件

图 4-47　独山玉戏鹅摆件

四、岫玉

岫玉也称作岫岩玉，是我国历史上的四大名玉之一。岫玉的主要组成矿物为蛇纹石，次要组成矿物为方解石、白云石、滑石、透闪石、绿泥石、透辉石等。岫岩玉物质成分复杂，次要矿物含量可有较大差别。按矿物成分的不同，可将岫岩玉分为蛇纹石玉、透闪石玉、蛇纹石玉和透闪石玉混合体三种，其中以蛇纹石玉为主。

★基本特点

岫玉以质地密而温、色彩鲜而洁者为上品。岫玉玉质非常细腻，水头较足，透明、半透明或不透明，敦厚浑朴，有一定的硬度，呈腊状至油脂光泽。岫玉颜色以清绿为主，深浅不同，层次丰富，其材料精良，性能优异，用途广泛。其中“河磨玉”“细玉”称为东北黑碧玉，其质地异常细腻，性坚韧，微透明，多呈碧绿色，摩氏硬度达 6~6.5，类似翡翠，尤为稀世奇珍，其中“色白如猪脂”者是玉中上品。

图 4-48　岫玉

图 4-49　岫玉

★颜色丰富

岫岩玉的颜色十分丰富。绿色到黄绿色系就可有深绿、绿、浅绿、黄绿、灰绿等；黄色系可有黄褐、蜡黄、棕褐等；白色系可有白、灰白等；除此之外还有暗红、黑以及绿白等其他颜色。其颜色的深浅与铁含量的多少有关，一般情况下，含铁越多，其颜色越深。

图 4-50　岫玉九桃盆景

图 4-51　研北居士岫玉印

★产地及产量

现知岫岩玉在辽东半岛分布较广，产量较大。仅以岫岩而论，其著名的北瓦沟矿区即为资源相当丰富、开采时间较长、年产量甚大的矿区。除此之外，在岫岩县境内还发现有 10 多处矿床或矿点。其他如宽甸、凤城、丹东等地也有岫岩玉矿床、矿点或矿化线索发现。其含矿地层亦均为古代辽河群大石桥组的富碳酸盐岩层。

五、绿松石

绿松石又名松石，因其色、形似碧绿的松果而得名，是世界上稀有的贵宝石品种之一，因其通过土耳其输入欧洲各国，故有“土耳其玉”之称，亦称“突厥玉”。

图 4-52　绿松石项链　战国
现藏于故宫博物院

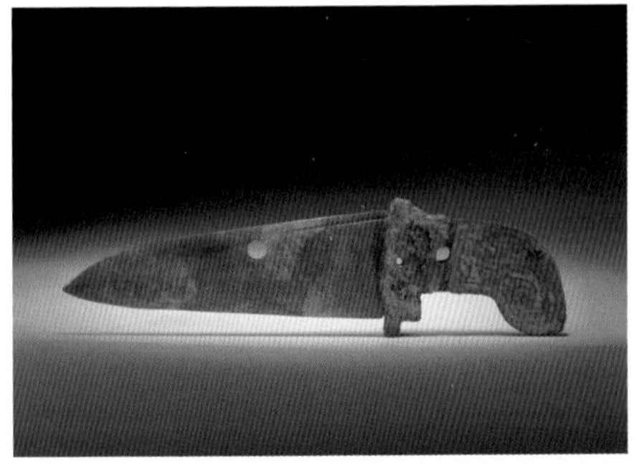

图 4-53　玉嵌松石铜柄戈　商
现藏于故宫博物院

★独具特色

绿松石是铜和铝的磷酸盐矿物集合体，以不透明的蔚蓝色最具特色，也有淡蓝、蓝绿、绿、浅绿、黄绿、灰绿、苍白等。长波紫外线照射下，可发出淡绿到蓝色的荧光。致密程度也有较大差别，孔隙多者疏松，少则致密坚硬，抛光后具柔和的玻璃光泽至蜡状光泽。绿松石以天蓝色的瓷松，犹如上釉的瓷器为最优。白色绿松石的价值较之蓝、绿色的要低。在块体中有铁质“黑线”的称为“铁线绿松石”，在国外则称“蓝缟松石”。

图 4-54　伯爵女士腕表

图 4-55　绿松石套链

图 4-56　黄金镶绿松石胸针

★最优品类——瓷松

瓷松是一种具有纯正均匀的天蓝色、细密、坚实、抛光后光洁似瓷的绿松石，是质地最硬的绿松石，摩氏硬度为 5.5~6。因打出的断口近似贝壳，抛光后的光泽质感均很像瓷器，故得名。瓷松是绿松石中的优质品，主要用作首饰，与波斯绿松石的一等品相当。通常颜色为纯正的天蓝色，是绿松石中最上品。

六、青金石

青金石又称青金、金精、催生石、金格浪。其主要矿物成分为青金石，除此之外还有方解石、方钠石、黄铁矿等，还含有少量的透辉石、云母等矿物。青金石的颜色基调为蓝色，还可带有紫色、绿色等其他色调。其中使其产生蓝色的矿物是青金石、方钠石等；产生白色的矿物为方解石；产生金色的为黄铁矿。世界上最优质的青金石来自阿富汗，其他产出国家还有美国、缅甸、加拿大等。在我国青金石主要产于四川、江苏，还有贵州、内蒙古、青海、新疆、湖北、湖南、陕西、吉林、辽宁、甘肃等。

图 4-57　牧童骑牛　清
现藏于故宫博物院

图 4-58　青金石御制诗山子　清
现藏于故宫博物院

★文化内涵

青金石是“佛教七宝”之一，寓意平安健康，无病无灾。在世界各国中，青金石都具有丰富的文化内涵，在古希腊、古罗马，佩戴青金石被认为是富有的标志；在中国民间中，蓝色是一种希望之色，象征着平和、祥瑞和善良，所以有很多寓意吉祥的青金石雕件。《石雅》中有这样的内容：“青金石色相如天，或复金屑散乱，光辉灿烂，若众星丽于天也”。由此可见，在我国古代青金石寓意着上天的威严崇高。清朝时，青金石还作为宫廷大臣们朝冠的饰品，以示地位的显赫。

★品质评价

在选购青金石时，一般可以从颜色、质地、裂纹、光泽、做工、块度几个方面着手。青金石以蓝色居多，蓝色调越浓艳，越纯正，越均匀，质量越好。但是若颜色中夹杂白色脉状或斑状，颜色的浓度、纯正度和均匀度就会降低，品质也随之降低。矿物成分中青金石的含量越高，则颗粒越小越均匀，质地也更坚韧细腻，这类青金石的品质就好。青金石以裂纹少者品质为优，裂纹越多，则品质越差。虽然青金石的光泽并不像其他的玉石一样的透彻，但是散发的光泽唯美，完整，这也是选购青金石的关键点之一。青金石成品的做工好坏也是评断其价值的主要因素，例如青金石的雕件应选雕工细致、工艺精巧的为好。相同的品质下，块度体积越大青金石用途更广，品质也更好，价值也越高。

七、欧泊

欧泊的英文名称为 Opal，源于拉丁文 Opalus，意思是“集宝石之美于一身”，或来源于梵文 Upala，意思是“贵重的宝石”。“欧泊”一词为音译。目前欧泊的主要生产国是澳大利亚、墨西哥和美国等。

图 4-59　黑欧泊项链

图 4-60　黑欧泊胸针

★基本特点

欧泊是一种具有变彩效应的宝石级蛋白石。欧泊的化学成分主要为水和二氧化硅，为非晶质体，内部具球粒结构，集合体多呈结核状、葡萄状、皮壳状及钟乳状。欧泊可呈白色、蓝色、黑色、绿色、黄色、橘红色等。欧泊的摩氏硬度为5~6，性脆，没有解理，断口贝壳状。

★色彩丰富

欧泊的变彩十分丰富、耀眼迷人。在市场上有人根据欧泊火彩的不同图案，分为不同的类别，如星彩、泼彩、小丑、虹彩等。根据欧泊的不同体色，可将其分为黑欧泊、白欧泊、晶质欧泊和火欧泊。

黑色欧泊指体色呈黑色、深蓝、深灰、深绿或褐色的品种，其中以黑色体色最理想，由于黑色体色使欧泊的变彩显得更加奇目华贵，所以最为珍贵。白欧泊是指体色为白色或浅灰色的欧泊，它给人的感觉清丽宜人，也是比较名贵的。晶质欧泊体色五色，彩片较浅。火欧泊是欧泊中的特殊品种，呈橘红色，半透明，一般无变彩或仅有少量变彩。

图 4-61　火欧泊

图 4-62　白欧泊

八、石英质玉石

石英质玉石包括由显晶质石英微晶组成的显晶质玉石、由隐晶质石英组成的隐晶质玉石、二氧化硅交代角闪石和蛇纹石石棉等而成的木变石、二氧化硅置换交代形成的硅化木和其他化石等。

★显晶质玉石

又称石英岩玉，主要由多晶质石英组成，晶体以显晶质粒状为主，含少量片状矿物。

1. 东陵玉

东陵玉亦称印度玉，是一种具有砂金效应的玉石，其包裹体可有铬云母、蓝线石、赤铁矿、锂云母等。含铬云母呈绿色，称为绿色东陵玉；含蓝线石称蓝色东陵玉；含赤铁矿称红色东陵玉；含锂云母称紫色东陵玉。

图 4-63　密玉手镯

2. 密玉

因产于中国河南密县（现为新密市）所以也叫河南玉，是一种含铁锂云母的石英岩。

3. 京白玉

因最早在北京发现，又呈现白色的致密块状而得名，其内部含有白云母，常被用来仿白玉或翡翠。

4. 贵翠

在贵州省晴龙镇发现而得名，多呈

图 4-64　谷丁贵翠杯

翠绿、灰绿或浅绿色，内部含绿色高岭土。

★隐晶质玉石

呈现隐晶质结构，可分为玛瑙、玉髓、碧玉三大类。玛瑙与玉髓的主要区别为：玉髓结构均匀无条纹和条带；玛瑙有环带、条带。碧玉中含有粉砂及黏土矿物。

1. 玉髓

玉髓的组成矿物主要为石英，还含有少量的蛋白石，具有玻璃光泽。根据颜色可分为白玉髓、红玉髓、绿玉髓、黄玉髓、蓝玉髓五大类。

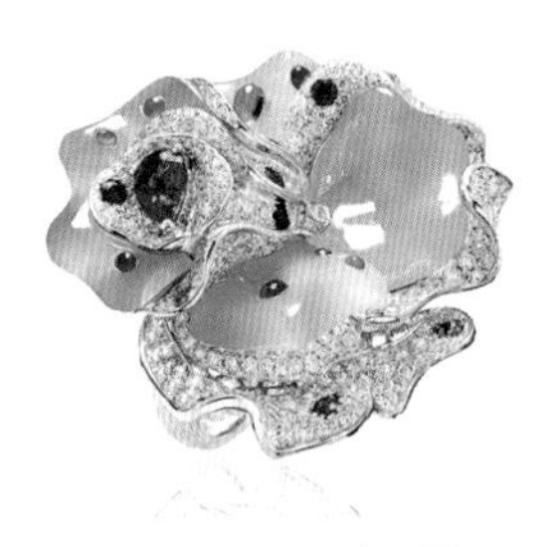

图 4-65 蓝玉髓

图 4-66 白玉髓

2. 玛瑙

玛瑙的主要组成矿物为隐晶质的石英，还含有少量的蛋白石和微粒石英，具有条带构造。根据颜色可分为红玛瑙、白玛瑙、紫玛瑙、绿玛瑙、蓝玛瑙、黑玛瑙等。根据其纹理和包裹体等又可分为缟玛瑙、苔纹玛瑙、缠丝玛瑙、火玛瑙、水胆玛瑙、樱花玛瑙等。市场上很受欢迎的有南

图 4-67 玛瑙桃形小水丞 清
现藏于故宫博物院

红玛瑙、战国红玛瑙等种类。

3. 碧玉

图 4-68 红色碧玉

也称碧石，是一种含氧化铁和黏土矿物的玉髓，有红色、黄色、绿色、黑色等，以绿色居多，呈半透明至不透明，但多为不透明。在工艺美术界称其为“肝石”或“土玛瑙”。碧玉可根据颜色为标准进行分类，如可分为绿碧玉、红碧玉；还可分为风景碧玉、血滴石等特殊品种。

★交代假象类

1. 木变石

木变石其实是硅化石棉，即原来的石棉被硅化成二氧化硅，但仍保留着石棉的纤维状外观。木变石不透明，具有丝绢光泽，可产生猫眼效应。木变石包括虎睛石和鹰睛石，虎睛石主要为黄色或黄褐色；而鹰睛石则以蓝色调为主。

2. 硅化木

硅化木指的是二氧化硅交代了埋葬在地下的植物，而且保留了木质

图 4-69 木变石

图 4-70 硅化木

的残余结构。可有黄色、褐色、红色、棕色以及黑色等颜色。因为在交代过程中，保留了树枝的外形和结构，所以呈现纤维结构、木质纹理。硅化木产地有美国、中国、古巴和欧洲各国。

九、孔雀石

孔雀石的英文名称为 Malachite，来源于希腊语 Mallache，意思是“绿色”。中国古代称孔雀石为“绿青”“石绿”或“青琅玕”。孔雀在中国人的心中，自古以来就代表着吉祥和浪漫。孔雀石和孔雀羽毛上斑点的颜色十分相似。而且质地细腻、颜色鲜艳，通常和蓝铜矿共生，十分受人们的欢迎。

★基本特点

孔雀石化学成分为含铜的碳酸盐矿物，可呈现各种深浅不一的绿色，具有同心层状、纤维放射状结构。摩氏硬度为 3.5~4，性脆，无解理，断口为贝壳状至参差状。晶体形态多为纤维状、柱状或针状，集

图 4-71　孔雀石盘　清
现藏于故宫博物院

图 4-72　银质镀金嵌孔雀石钢琴首饰盒

合体常为葡萄状、簇状、钟乳状等。丝绢光泽或玻璃光泽，似透明至不透明。遇盐酸起反应，并且容易溶解。世界著名产地有赞比亚、澳大利亚、纳米比亚、俄罗斯、美国等。中国主要产于广东阳春、湖北黄石和江西西北部。孔雀石含铜元素，常与蓝铜矿、硅孔雀石等矿物共生，所以可作为寻找原生铜矿床的标志；孔雀石还可以用作颜料。

★独款定制

孔雀石的颜色和纹理富于变化，每块孔雀石都有自己独特的纹理，可以说世界上每块孔雀石都是独一无二的，几乎没有两块完全相同的孔雀石。它能够让佩戴者完全不需担心“撞款”的情况，这对很多人来说具有一定的吸引力。

十、印章石

中国的印章石种类繁多，但最著名的印章石莫过中国四大印章石——寿山、青田、昌化、巴林。

★福建寿山石

寿山石产于福州北部寿山乡，其主要矿物成分为叶蜡石和地开石，次要组成矿物有珍珠石、高岭石、伊利石、石英等。早在5000年以前的新石器时代，古人就已经将寿山石加工为狩猎用具或生活用具；南朝时期，寿山石已被雕刻为殉葬品；宋代时，已开始大量开采寿山石，至元代，产生了寿山石印章文化；明清时期，寿山石备受推崇，尤其是清代，寿山石受到了皇家的青睐。据统计，雍正皇帝共用过200方左右印章，其中160多方为寿山石所制。

寿山石的品种极多，主要呈块状构造，还可有角砾状构造、缟纹构造。寿山石可分为田坑石、水坑石、山坑石。其中以田坑石最佳，水坑石次之，山坑石最差。田坑石的典型鉴定特征就是萝卜纹，指的是存在于寿山石内部而非表面、若隐若现的纹理。其质量评价主要从质地、颜色、净度以及块度四个方面进行评价。质地需具备细、洁、润、腻、温、凝六德，即质地细腻，透明度高，花纹图案清晰美观，无裂纹和砂钉；颜色以鲜艳纯正为佳；净度越高越好，块度越大越好。

图 4-73　寿山石《泉风阁主》印章　齐白石刻

图 4-74　寿山石印章

★浙江青田石

青田石属叶蜡石类，藏在浙江北部重峦叠嶂中的石材，因产于浙江青田而得名。它生成的温度和压力较高，故石质结实、细密，刀感软硬适中，特别富有金石味。与寿山石主调尚艳尚浓不同，青田石主调尚清尚淡，褪尽火气，雍容娴静，回味无穷。

青田石在六朝已被利用，宋代已有较多的开采，被用来“制为文房雅具及文人所用的图章，小件玩要之物”。到了明代，青田冻石之名更是“艳传四方”；20 世纪 60 年代郭沫若实地考察青田艺人相石、开坯、雕琢、封蜡的流程后，连声惊呼“鬼斧神工”！

青田石种类繁多，有一百余种，极具历代文人所取的富有书卷气。青田石中的名贵品种首推灯光冻，其次为蓝花青田、封门青、竹叶青、芥菜绿、金玉冻、黄金耀。奇石者有龙蛋、封门三彩、夹板冻、紫檀花冻等。

图 4-75　青田石对章

图 4-76　青田石印章

★浙江鸡血石

鸡血石“地”的主要组成矿物为地开石或高岭石与地开石的过渡矿物，“血”的矿物组成成分为辰砂和地开石或高岭石组成的集合体。主要为块状构造，“血”呈细脉状、条带状、片状、团块状、斑点状或云雾状。一般无光泽或土状光泽，个别透明度好的可呈蜡状光泽或油脂光泽，不透明至微透明。鸡血石“地”的颜色为白色至黑色，“血”的颜色常呈鲜红、朱红、暗红和淡红色。

相传，古代有一种鸟，叫“鸟狮”，又称凤鸟，生性好斗。一天，觅食飞过玉岩山，见一凰正在孵蛋，顿生恶念，向其发起攻击。毫无准备的凰被咬断了腿。凤闻讯赶到，同仇敌忾，战胜了“鸟狮”。凤凰虽然胜利了，但凰鲜血直流，染红了整个玉岩山，遂成了光泽莹透如美玉的鸡血石。据考证，鸡血石的开采始于明代，而盛名于清代，康熙、乾隆、嘉庆等皇帝十分赏识昌化鸡血石，将其作为宝玺的章料。

图 4-77　昌化石对章

图 4-78　昌化鸡血石方章

品评鸡血石，首先就是“血”的红色，应以鲜、活、凝、厚为上品。鲜者红如淋漓之鲜血，凝者聚而不散，厚者指有厚度有层次深透于石层中。其次要看质地，透明无杂钉俗称“起冻”者，是妙品。鸡血石中的“大红袍”“藕粉冻”“牛角冻”“白玉冻”；“刘关张”等都是罕见的珍品。鸡血石的净度同样影响它的价值，净度指鸡血石内部所含的绺裂和杂质等瑕疵的多少。绺裂有原生裂和后生裂之分，杂质有软性杂质和硬性杂质之分。

★内蒙巴林石

巴林石产于内蒙古巴林右旗的大板，是以高岭石、地开石为主的多种矿物组成的黏土矿。巴林石色泽斑斓，纹理奇特，质地温润，钟灵毓秀，堪称精美的石头。巴林石根据其颜色、质地、纹理和结构的不同可分为巴林鸡血石、巴林福田石、巴林冻石、巴林彩石、巴林图案石五大类和上百个品种。

巴林鸡血石指含有红色辰砂的鸡血石，主要品种有夕阳红、翡翠红、彩霞红、牡丹红、芙蓉红、金银红等；巴林福田石指主体呈黄色且透明或半透明者，主要有鸡油黄、蜜蜡黄、水淡黄、流沙黄、黄中黄、虎皮黄、落叶黄等；巴林冻石指透明或半透明，无鸡血红、不以黄地为主者，主要品种有水晶冻、玫瑰冻、芙蓉冻、羊脂冻、桃花冻、虾青冻等；巴林彩石指不透明，单色或多色的组合，无血无黄无冻地者，主要品种有红花石、黄花石、天星石、雪花石等；巴林图案石指带有各种天然图案并具有一定观赏价值的品种。

巴林石常见的鉴定方法主要有摸、刻、看、辨等。摸，感受印石质地是否均匀、温度高低等；刻，即观察其硬度大小，不同品种的巴林石硬度不同，巴林石所含杂质的多少，黏性脆性等影响着其硬度；看，即观察颜色的鲜艳程度。有时在鉴定时可在原石上喷洒些水，使石面更加清晰；同时观察时还要注意使用的光源，光源不同也会影响其颜色。

图 4-79　巴林石螭虎扁章

图 4-80　巴林石荷塘清趣方章

CHAPTER 5 第五章 有机宝石的优雅迷人

有机宝石的光泽不似钻石和彩色宝石般绚丽，也不如玉石般温润内敛，但是其淡淡的、柔美的光华让人心生向往，给人一种淡然、优雅之感。

图 5-1　各种有机宝石

一、珍珠

珍珠，英文为 Pearl，源于拉丁语 Pernulo，意思是“海之骄子”。珍珠被誉为“宝石皇后”，其色泽温润，高贵典雅，自古以来就受到各国人们的喜爱，现在各大珠宝品牌以及明星名流更对其青睐有加。

★形成过程及成分组成

在珍珠母贝和蚌贝生长过程中，有时会有细小的砂砾或者其他较硬的生物进入壳中外套膜内，蚌受到刺激，便开始分泌珍珠质的物质逐渐包裹外来物质，形成珍珠。珍珠的主要组成成分为无机质碳酸钙，还含有少量的有机物和水。不同种类和质量的母贝所产出的珍珠，各种化学成分的含量会稍有差异。珍珠以其纯真完美、雍容华贵的特点吸引着人们的目光，被加工为各种饰物，展现着典雅之美。珍珠一般按商业习惯分为海水珍珠、淡水珍珠两类。

图 5-2　海水珍珠

1. 海水珍珠

海水珍珠指的是在海洋贝类生物体内形成的珍珠。海水珍珠呈圆形的概率比淡水珠高，外形多为最理想的形状，即正圆形。这种形状在我国古时称为“走盘珠”，即将其放在盘中，稍动盘子，珍珠便滚动自如。海水珍珠的光泽给人以美丽高雅之感，给人一种柔和朦胧的美。

图 5-3　淡水珍珠

2. 淡水珍珠

淡水珍珠指的是在淡水蚌类生物体内形成的珍珠。其主要产地为我国华南地区。我国华南、华东一带是用河蚌养殖珍珠的重要养殖基地。近年来，养殖彩色珍珠也取得了很大的成功，培育了多种颜色的珍珠，并且产量高。但是除 8 毫米以上珍品外，其他的淡水珍珠与海水珍珠的价格相差很多。

小贴士

需要说明的是，淡水珍珠也是货真价实的珍珠。只是淡水珍珠与海水珍珠相比，在价值和质量上差了一个档次，但不能认为是假珠。

★最优雅的精灵——塔希提黑珍珠

塔希提黑珍珠（Tahitian，又称大溪地黑珍珠）产于南太平洋法属波利尼希亚群岛的珊瑚环礁。珍珠母贝是一种会分泌黑色珍珠质的黑蝶贝。

塔希提黑珍珠（又称大溪地黑珍珠）产于南太平洋法属波利尼希亚群岛的珊瑚环礁。珍珠母贝是为黑蝶贝。

黑珍珠美丽之处为它的晕彩，即黑色调上带有各种缤纷的色彩，浑然天成。其最受欢迎的晕彩有孔雀绿、浓紫、海蓝等彩虹色。黑珍珠的直径一般为 8~16 毫米。黑珍珠具有多种形状，包括圆形、梨形、环带形等。除了波利尼希亚群岛，在库克群岛、彭林岛等其他地区也有黑珍珠产出。

★高贵、奢华——金珍珠

诗人将珍珠喻为“海蚌的眼泪”，但是并非所有的海蚌都能产出美丽的珍珠，野生珍珠的产出十分稀少。于是，人类绞尽脑汁，通过养殖的方式让更多爱珠之人得以领略珍珠的魅力。金色珍珠主要产自白唇贝或金唇贝中，主要产地有缅甸、新几内亚、菲律宾、印度尼西亚、澳大利亚、中国等。金色珍珠相当稀有，被称为最珍贵的珍珠。

图 5-4　塔希提珍珠

图 5-5　金珍珠

★女人的至爱——AKOYA珍珠

AKOYA珍珠指的是海水珍珠，分为中国海水珍珠和日本海水珍珠。我国海水珍珠的主要产地有广西北海、广东湛江、海南等；日本海水珍珠主要产地是日本三重、雄本、爱媛县一带的濑户内海。目前珠宝市场上的AKOYA珍珠多指日本的AKOYA珍珠。

日本AKOYA珍珠的母贝是马氏贝，日本称之为AKOYA。马氏贝体形较小，所以AKOYA珍珠多较小，直径多从2~9毫米，直径超过9毫米，其价格就比较高了。AKOYA珍珠在生长过程中，受到了精细的养殖，加上海水的温差影响，珍珠的表面便覆盖了一层优良的钙结晶，加强了其表面的光泽和颜色。AKOYA珍珠晕彩有粉色，蓝绿色和银色。其中粉色是最贵的。AKOYA珍珠给女人带来的不仅仅是气质，同时还有无尽的风华，可以说是女人最贴心的闺蜜！

图5-6　AKOYA珍珠

图5-7　AKOYA珍珠

★长在海螺里的珍珠——孔克珠

孔克珠产于拉丁美洲、加勒比海海域，无法人工养殖。当地居民在食用海螺肉前，往往会先在海螺尖端开个洞，仔细探究是否有孔克珠的存在，若有则如获至宝一般喜悦。

孔克珠的颜色常见于粉红与红色之间，容易和珊瑚混淆，但仔细看就会看到，孔克珠表面有着独一无二的似火焰状的光彩。在放大镜下观察时，可以发现每一颗孔克珠的“火焰纹”各有不同，纹路、样式、颜色都不一样，故每一颗孔克珠的“火焰纹”都是一道不同寻常的美景，这也正是孔克珠的魅力和神奇所在。当然，也有非常纯净不带火焰纹的孔克珠。多数的孔克珠都是椭圆形，正圆的难得一见。

图 5-8　孔克珠

判断孔克珠的好坏也就是价值的高低，首先取决于造型，整体形状是否规整。其次才看有没有火焰纹，火焰纹是否漂亮。最后要看颜色是否均匀统一。

★不完美中的“最美”——巴洛克珍珠

所谓的巴洛克珍珠其实就是珍珠中的异形珍珠，这些珍珠都不是浑圆的，而是一些不规则的形态。此类珍珠的价值远不如浑圆的珍珠，但是设计师们却可以赋予它们全新的生命。设计师充分利用珍珠不同的造型，设计出各种形态各异的作品，别具风情。著名的异形珍珠有

图 5-9　巴洛克珍珠

已发现的天然大珍珠中排名第二位的“亚洲之珠”，于1628年在波斯湾发现；还有形似一条美人鱼的“坎宁海神”，采用珐琅工艺，美人鱼的头发用黄金丝制作，尾部及口中各有一粒红宝石，两边及中间各垂一颗异型珍珠。

★品质卓越的淡水珍珠——爱迪生珍珠

爱迪生珍珠，一个别有深意的名字。其指运用高科技研发，生态养殖，品质卓越的淡水珍珠。爱迪生曾说过“有两样东西是我在实验室无法制造的，那就是珍珠与钻石。”为了“弥补”爱迪生这一遗憾，便将其命名为爱迪生珍珠。

爱迪生珍珠色彩丰富、光泽亮丽、颗粒较大、正圆形较多，其特别的晕彩有深紫、古铜、紫罗兰等金属色。在珍珠行业中，有这样一句行话，“七珠八宝”，指的是，直径7毫米的珍珠算作一般的珍珠，而直径达到8毫米以上就十分珍贵了。而爱迪生珍珠的直径一般都在11~20毫米。

二、珊瑚

珊瑚的英文名称Coral，源自拉丁语Corrallium。珊瑚是古今中外深受喜爱的宝石品种，我国古代珊瑚被称为“火树”。珊瑚是一种海底腔肠动物的化石，有很多品种，如红珊瑚、黑珊瑚、蓝珊瑚、日本珊瑚、地中海珊瑚等。而其中又以其形如树、其色似火的红珊瑚为最佳。

图5-10　珊瑚

★基本特点

珊瑚的化学成分主要为碳酸钙，还有一定数量的有机质。形态多呈树枝状，上面有纵条纹。颜色常呈白色，也有少量蓝色、金色和黑色。通常用作宝石的珊瑚为红色、粉红色、橙红色。红珊瑚主要用于雕刻艺术品和制作项链、宝石戒面、耳坠、胸针等首饰。

图 5-11　珊瑚

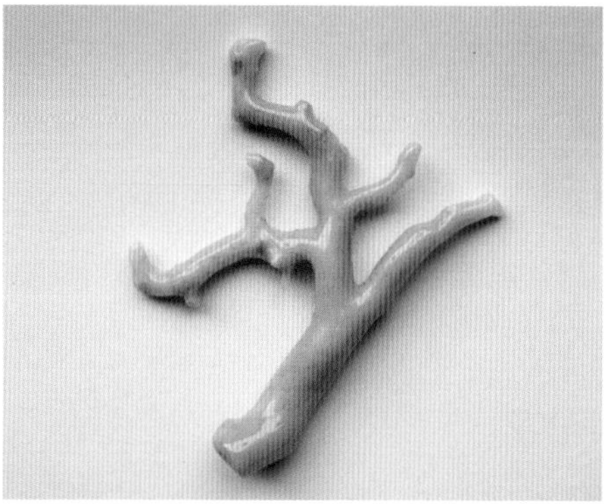

图 5-12　珊瑚

★红珊瑚品类

红珊瑚是珊瑚中非常重要的一个品种，它因拥有美丽而深邃的鲜红色而备受人们喜爱。按照价值高低，商业上红珊瑚可分为阿卡、沙丁、莫莫、孩儿面等，每种根据颜色、密度、形状、完整度又有分级，颜色好，密度高的等级高，价格也高。

1. 阿卡级别（AKA）

阿卡在日语中是红的意思，阿卡级珊瑚是红珊瑚中最好的等级，主要产区在日本，中国台湾也有产出。阿卡中有一种鲜艳似牛血，因

图 5-13　阿卡珊瑚

此又被称为“牛血红”。人们可以用肉眼观察到阿卡红珊瑚内部的白芯，这也是其区别于另外两种红珊瑚的显著特征。阿卡珊瑚的优点是颜色正、质地润、透光性好，缺点是有白芯和压力纹及其他瑕疵。

图 5-14　阿卡珊瑚

2. 沙丁级别

沙丁级别红珊瑚产自意大利沙丁岛，因产地而得名，为大红色阶，俗称“辣椒红”珊瑚。沙丁级别红珊瑚颜色介于深红色和粉红色之间。沙丁级别红珊瑚最显著的特征是没有白芯，多数被用来做佛珠手链和直管的工艺品。沙丁级别红珊瑚比阿卡的美观。沙丁珊瑚生长在海面以下50~120 米之间，表面几乎没有压力纹，只能隐约看到针尖大小的白点。这种珊瑚的优点是颜色均匀，瑕疵少；缺点是密度在红珊瑚品种中最小，并且质地松散，透光性较差。

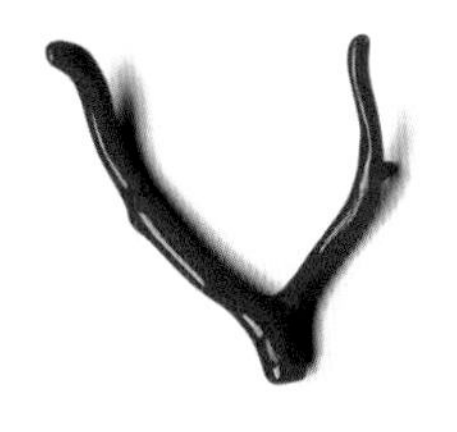
图 5-15　沙丁珊瑚

图 5-16　沙丁珊瑚

3. 莫莫级别（MOMO）

莫莫级别（MOMO）主要产于中国台湾。名称是从日文翻译过来，原意为桃子或桃子色，泛指为桃色的珊瑚。它是红珊瑚里最为庞大且复杂的一个分类。莫莫珊瑚颜色丰富，有桃红色、粉色、浅粉色、橙色等，表面能看到清晰的指纹状纹路。它的优点是颜色丰富且鲜亮；缺点是有白芯和纹路。

图 5-17　莫莫珊瑚

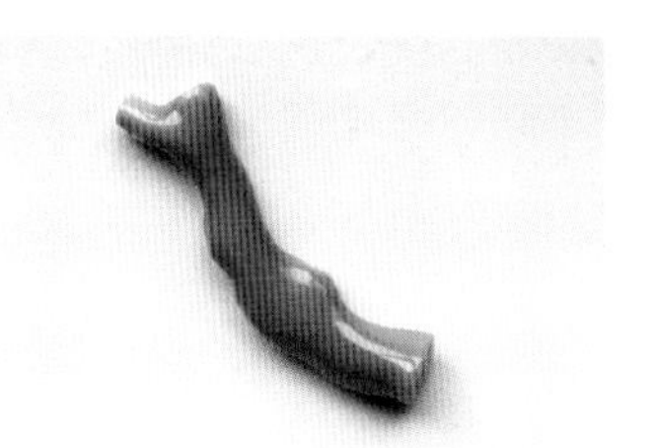
图 5-18　莫莫珊瑚

4. 孩儿面

孩儿面的颜色最浅，浅红色，白色更明显，红色并不明显。这种珊瑚面国外人喜欢的比较多。

图 5-19　孩儿面

★品质评价

在评价红珊瑚质量好坏、价值高低时，主要从四个方面着手。第一是颜色。一般来说是越红越好，颜色要求艳丽纯正，以深红色珊瑚，即常说的阿卡深红色最优。第二是体积。红珊瑚生长周期很长，20 年仅长 1 寸，300 年才长 1 千克。体积越大者，说明其生长的年代越久远，越珍贵，所以其体积大小往往是决定其价值的另一个重要因素。第三是手感。表面光洁，手感滑腻，充满莹润的光泽，表面基本没有色斑和凹凸伤痕的为佳品。第四是工艺。珊瑚雕件的雕工好坏、珊瑚首饰的镶嵌工艺优劣等也影响其价值的高低。

三、琥珀

琥珀是藏于地层的松科松属植物树脂的化石，这些植物树脂一般来自中生代白垩纪至新生代古近 - 新近纪。琥珀的硬度和密度都较低，摩氏硬度为 2~2.5，密度为 1.08，在饱和的食盐水中可漂浮。内部可见气泡、流淌纹、各种动植物以及其他有机、无机包裹体。其透明似水晶，光亮如珍珠，色泽像玛瑙。其中呈不透明状或半透明状的琥珀也被称作蜜蜡。

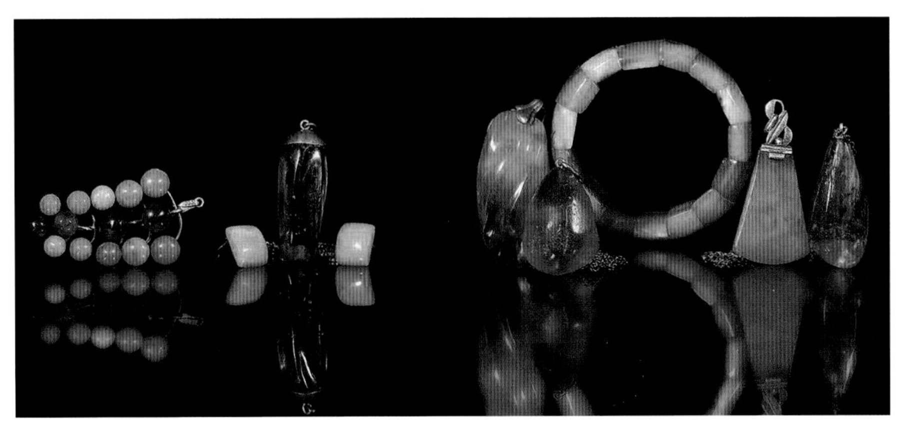

图 5-20　琥珀

★形成与产地

几千万年前的原始森林没入水下，被泥土沉积物掩埋，并得以保存，树脂经过石化作用形成了琥珀。其中有些树脂在流淌过程中包裹了动植物碎片，或在流淌过程中形成旋涡纹以及气泡等。主要品种有金珀、虫珀、香珀、灵珀、石珀、花珀、翳珀、水珀、明珀、蓝珀、蜡珀等，其中以含有完整昆虫或植物的琥珀价值最高。主要产地有俄罗斯、乌克兰、意大利、美国、日本、印度、法国、英国等。

★最火的琥珀——蓝珀

顾名思义，蓝珀是蓝色的琥珀，但是这个蓝色有个前提条件，就是只有在紫外灯下呈现蓝色荧光的琥珀，才能称之为蓝珀。蓝珀在自然光下主要以金黄色为主，或偏于黄或偏于绿，可以从淡黄到金黄到黄绿；而蓝珀的荧光则以蓝色为主，或偏于蓝或偏于绿，可以从纯蓝（天空蓝）到高蓝到蓝绿。

蓝珀的颜色成因众说纷纭，目前还不能确定，被科学界广为认可的是因火山熔岩流过地表的高温造成地层中琥珀受热产生质变，可能与火山活动产生的硫、磷等元素混入琥珀中有关。

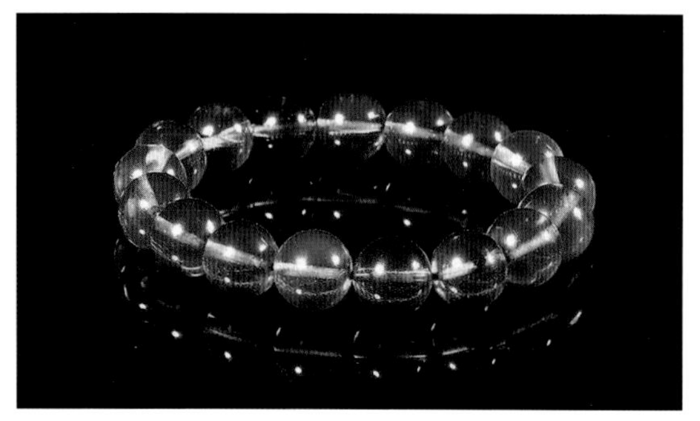

图 5-21　蓝珀

图 5-22　蓝珀

多年以前，人们认为多米尼加是蓝珀的唯一产地，但是蓝珀只是多米尼加琥珀的一个品种，也就是说并不是所有的多米尼加琥珀都是蓝珀。目前通过对不同地区的琥珀比对，业内认为可以在墨西哥开采到蓝珀。相关资料来显示，罗马尼亚也产出过蓝珀，但目前资源已经枯竭，不再产出了。缅甸也有类似蓝珀的品种产出，人们习惯称之为金蓝珀。这种琥珀本质上不属于蓝珀，与金珀的性质更为相近，在某些方面与多米尼加蓝珀非常相似，故取名为金蓝珀。这种金蓝珀与蓝珀在色彩上有一定差异，金蓝珀更多呈现蓝紫色调。

★最珍贵的琥珀——虫珀

虫珀是琥珀品类中最珍贵的一种，其观赏和收藏价值非常高。天然的虫珀非常稀少，它的形成概率是很低的。在琥珀的形成过程中，树木分泌树脂，吸引各种昆虫如蚂蚁、蚊虫和甲虫等，并且还会吸引一些以昆虫为食的其他小动物。黏稠的树脂将这些昆虫和小动物粘住。在昆虫和小动物挣扎过程中，树脂会继续分泌并流出，将各种昆虫、小动物以及落在树脂上的小树枝、树叶包裹在其中。琥珀将生物体的形态特征原封不动地保存下来，被称为“活化石”。

图 5-23　虫珀

图 5-24　虫珀

在挑选收藏级虫珀时，首先要看的是包含物的种类，越是罕见的虫，越珍贵。比如，近年来先后在琥珀中发现恐龙羽毛及鸟类，每次都给整个琥珀界造成轰动。除此之外，还要看虫的完整程度、虫体大小、虫体位置和珀体的清澈程度。在情景珀中，所包含的虫类也许并不稀有，但是因为有了特定的环境和习性而更显珍贵。比如拟蝎搭车、蚂蚁打架等在收藏界很受欢迎。

★神奇又有趣的琥珀——水胆琥珀

水胆琥珀是一种非常奇特的琥珀，指某些琥珀内部气泡中含有一定量的水，或是水充满其整个气泡。若是水并没有充满整个气泡，我们在摇晃琥珀的时候可以清晰地看到水的流动，而若是水已充满气泡，虽然肉眼很难看出，但在高倍放大镜下我们还是可以看到内部明显的水流动。若肉眼可见水流动，称为“活”胆琥珀；若水不能流动，称为“死”胆琥珀。

水胆琥珀是一种非常精美的琥珀内含物标本，有着很高的科学研究价值，并且内部因角度变化而滚动的小水珠，美轮美奂。水胆琥珀因地域不同，稀有程度和市场价格不同，一般以波罗的海出产的最为质美珍稀。

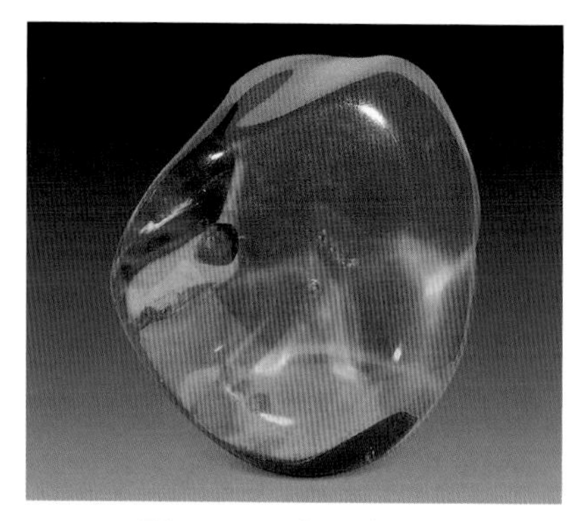
图 5-25　水胆琥珀

★最香的琥珀——白蜜蜡

白蜜蜡是蜜蜡中颜色最浅的，白蜜蜡的特点是乳白色，很像牛奶的颜色，不透明。白蜜蜡也叫作香珀，是蜜蜡中最香的一种，其特点是在常温下就能闻到淡淡的松香气味，或用手快速摩擦就会发出迷人的松香味，这种香味具有安神、定气的功效。

图 5-26　白蜜蜡

纯正的天然白蜜蜡外皮一般为黄色（也就是常说的“黄皮”），纯正的白蜜蜡在琥珀原产地开采出来的原矿就比较少，因此白蜜蜡较为少见，也很珍贵，并且单块的个头也比较小，优质的白蜜蜡甚至比黄色蜜蜡价值更高。

四、象牙

近年来，人类越来越认识到保护动物的重要性，意识到人与自然需和平相处。因为没有买卖就没有杀戮，所以我国已禁止售卖象牙制品。优质的猛犸象牙与现代象牙没有太大的区别，用猛犸象牙替代现代象牙，既保护大象不受伤害，又使因原料枯竭而几近失传的牙雕艺术重获新生。

图 5-27　象牙

图 5-28　象牙表面纹路

图 5-29　象牙表面勒兹纹

★猛犸象牙

猛犸的门牙俗称古象牙，又叫万年象牙，比现代的象牙大，多为化石。在已发现的猛犸和乳齿象的牙中，约有 15% 是可用于珠宝业的优质象牙。优质的化石象牙与现生象牙无大的区别，可作为象牙替代品，材料多进口于西伯利亚。

猛犸象灭绝于一万多年前，猛犸象牙大多保存在西伯利亚的勒纳河与其他流入北冰洋的河流流域，以及阿拉斯加的阿拉斯加育空河流域等地的冻土层中。但以西伯利亚和阿拉斯加的冻土层中的猛犸牙为最优。由于资源有限，随着人们不断的开采和挖掘，猛犸象牙会越来越少。

★牙雕技艺

牙雕在我国有着悠久的历史，经过几千年的发展，牙雕已经发展为一门独特的技艺，使用圆雕、浮雕、镂空雕等多种技法将象牙雕刻成人物、动物、花卉以及风景等多种图案。我国较为知名的牙雕有广州牙雕、苏州牙雕以及北京牙雕。

由于我国是《濒危野生动植物种国际贸易公约》(又称《华盛顿公约》)的成员国之一，自 1990 年 1 月 18 日起，我国正式全面禁止非洲象牙及其制品国际贸易，不再进口象牙，这使得我国牙雕技艺因缺少原料而面临失传的困境。

图 5-30　象牙猴子葫芦把件　清

图 5-31　象牙镂雕船　清

但是联合国公约组织并未禁止猛犸象牙用于加工贸易，猛犸象牙是一种史前生物遗存物，可以作为我国牙雕工艺的替代材料，这解决了我国牙雕工艺原材料短缺的问题，客观地减少了非法捕杀大象及走私象牙行为。但是猛犸象已经灭绝，数量相当有限，俄罗斯采取限制措施，原料也已陷入紧缺。

★呵护保养

象牙制品对温度、湿度等极为敏感，所以对象牙所处环境的温度和湿度都要严格控制。为防止失水，摆放象牙时可在旁边放上水或者用保鲜膜包裹起来，以免开裂。

五、其他有机宝石

★深海精灵——玳瑁

玳瑁的英文名字为 Tortoise Shell，是一种有机宝石，是玳瑁的背甲。玳瑁的颜色十分丰富，有黑、白、褐、黄，常见的是白底黑斑或黄底上呈暗褐色色斑。呈微透明至半透明，具蜡质至油脂光泽，摩氏硬度为 2~3。玳瑁色斑的颜色花纹越漂亮奇特，价值越高；透明度越高，块度越大，价值越高。玳瑁可用于制作戒指、手镯、簪（钗）、梳（栉）、扇子、盒、眼镜框、乐器小零件、精密仪器的梳齿以及刮痧板等器物，而且古筝义甲和琵琶拨子也是由玳瑁制作，同时也是螺钿片的材料之一，具有独特的神韵和光彩。玳瑁，脊椎动物，爬行纲，海龟科，为国家二级保护动物。没有买卖就没有杀戮，建议大家不要购买相关的玳瑁

图 5-32　玳瑁鼻烟壶

图 5-33　玳瑁项链

饰品，保护濒危的动物。

★煤之幻化，精之所依——煤精

煤精是一种有机宝石，为黑色或黑褐色固体，存在于沉积岩中，是远古树木在温度和压力作用下分解而成。煤精又称煤玉、黑碳石、雕漆煤、黑玉等等，是褐煤的一个变种，为不透明、光泽强的黑色有机石。由于它珍贵难求，人们又给它冠以“黑宝石”的美称。

煤精的化学成分以碳为主，含有少量有机质，可燃。带有树脂光泽，抛光表面为玻璃光泽，有时候会因为包裹了黄铁矿而呈现黄铜的颜色和金属光泽。其主要产地有：英格兰北部约克郡海岸、法国朗格多克省及西班牙阿拉贡、加利西亚、阿斯图里亚斯和中国抚顺等。

图 5-34　煤精鼻烟壶

图 5-35　独孤信多面体煤精组印

西魏　现藏于陕西历史博物馆

煤精雕刻已有七千多年历史。在距今七千年前的沈阳新乐遗址就出土了“耳塘饰”和圆珠等煤精雕刻品，这是我国煤雕史上最早的实物。从装饰品到实用品，品种繁多，飞禽走兽、花鸟鱼虫、人物、文房四宝、烟具、配饰等，都具有独特风格，颇受国内外各界人士赞赏和欢迎。

CHAPTER 6

第六章

生辰石及纪念石

在璀璨夺目的宝石世界中，有一组艳丽多姿的奇葩，以其吉祥、幸运的神奇魅力倍受人们的青睐，这便是生辰宝石和纪念宝石。

一、生辰石、诞生石

从 16 世纪开始，人们把不同的宝石与一年的 12 个月相对应，当作每个人出生的标志，这些被选中的宝石被称为“生辰石”或“诞生石”。人们认为生辰石具有辟邪护身、吉祥如意的作用。

★传奇色彩

据说生辰石和圣经中的十二基石、胸甲十二颗宝石、伊斯兰的十二天使和天体十二宫的传说有关。这些传说增加了生辰石的神秘感。

生辰石的历史背景极富传奇色彩。相传生辰石起源于古代以色列，《圣经·出埃及记》谈到：公元前 1300 年，犹太人在荒漠上建起圣殿的时候，上帝就对摩西下旨，要他制作一套法衣，并在法衣的胸铠处镶嵌 4 行 12 颗宝石：第一行是红宝石、碧玺、石榴石；第二行是祖母绿、蓝宝石、钻石；第三行是月光石、海蓝宝石、紫水晶；第四行是橄榄石、黄水晶、松石。每粒宝石上刻有以色列 12 个部落中一个部落的名字，代表一个特定月份，作为特定月份的象征。

★品类划分

十二月生辰石，英文名“The 12-month Birthday Stones”，是欧美传说中代表不同月份出生的人们的生辰石。各个国家的十二月生辰石有所差异，现列出常见的品种。

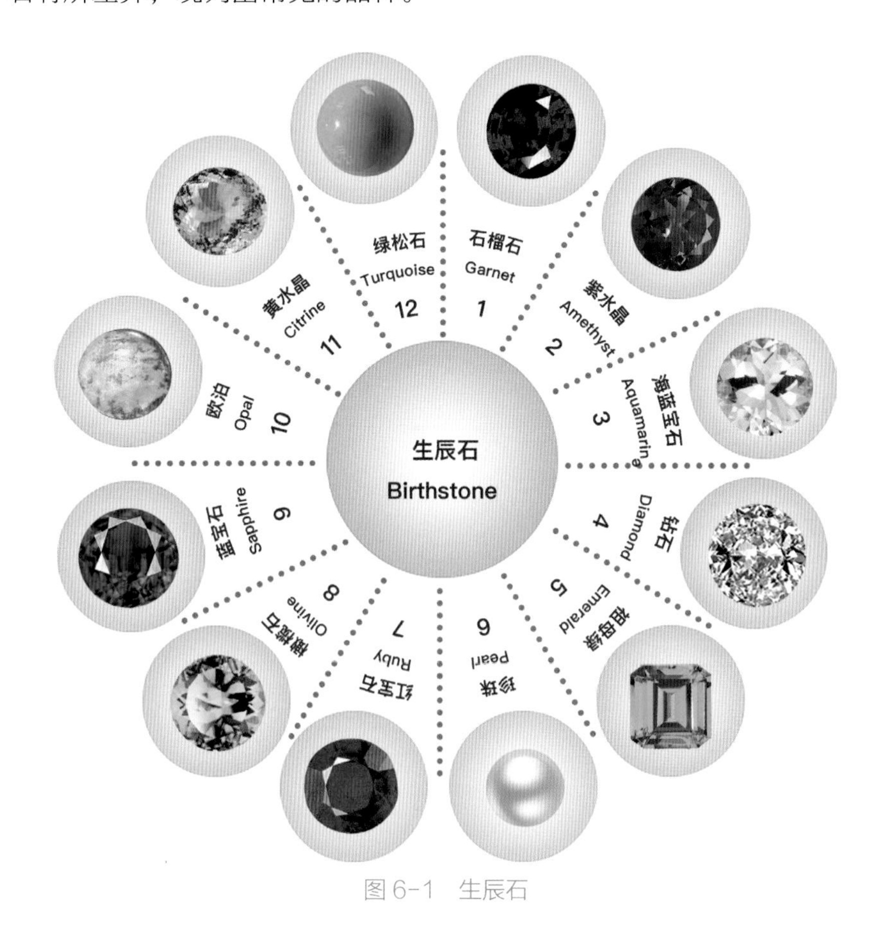

图 6-1　生辰石

一月的生辰石为石榴石，它代表着贞洁真实、真诚友爱、是信仰和纯朴的象征。

二月的生辰石为紫水晶，紫色充满神秘感，它代表诚实平和，人们认为佩戴紫水晶可以提高灵性、增长智慧。

三月的生辰石为海蓝宝石，它代表沉着、勇敢、聪明、幸福、长寿。

图 6-2　石榴石戒指

图 6-3　紫水晶戒指

图 6-4　海蓝宝石耳饰

四月的生辰石为钻石，它代表着纯净无瑕以及坚贞的爱。

五月的生辰石为祖母绿，绿色象征希望，它代表着幸运幸福、仁慈善良。

六月的生辰石为珍珠或月光石，珍珠代表着健康、幸福、高贵和纯洁。月光石被认为是“恋人之石”，象征着爱情永恒；也是“旅人之石”，保佑旅途安全。

图 6-5　钻石戒指

图 6-6　祖母绿戒指

图 6-7　珍珠耳饰

七月的生辰石为红宝石，红色象征热情，红宝石代表着火热的爱情、仁爱、尊严。

八月的生辰石为橄榄石，被视为“太阳之石”，人们认为它带来了光明和希望，可以驱走厄运，代表夫妻幸福、美满。

九月的生辰石为蓝宝石，它代表着忠贞、慈爱、诚实、德望。

图 6-8　红宝石戒指

图 6-9　橄榄石耳饰

图 6-10　蓝宝石戒指

十月的生辰石为碧玺或欧泊，碧玺代表着健康、吉祥、欢乐；欧泊是希望和纯洁的代表。

图 6-11　西瓜碧玺戒指

图 6-12　欧泊耳饰

十一月的生辰石为托帕石或黄水晶，托帕石代表着友情、友爱、希望；有人认为黄水晶可以招财。

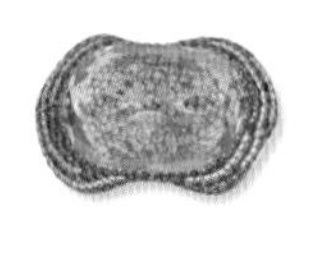

图 6-13　托帕石戒指

图 6-14　黄水晶耳饰

十二月的生辰石为绿松石、坦桑石或锆石，绿松石代表着成功和胜利；坦桑石于 1969 年被蒂芙尼公司命名，之后大热；锆石代表着吉祥和好运。

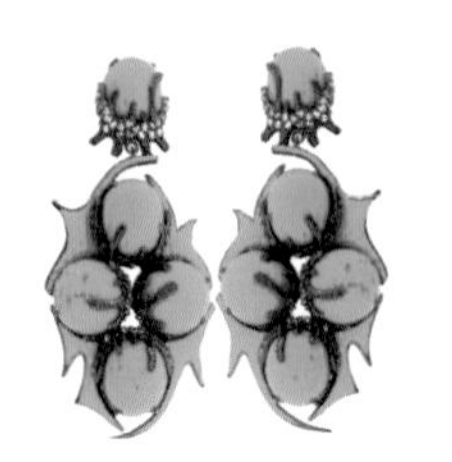

图 6-15　绿松石耳饰

图 6-16　坦桑石耳饰

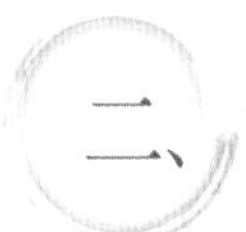

二、结婚周年纪念石

结婚纪念日是纪念两个人结合的重要日子。这一天是夫妻重温幸福、感情升温的时刻。人们将每个结婚纪念日都对应一种宝石，以象征这一天的重要性。结婚后两人共同生活的时间不同，结婚纪念日的名称含义也不一样，所代表的宝石也不同。

★周年分类

一周年： 纸婚，代表着夫妻刚刚结合，婚姻薄如纸，需要小心呵护。结婚一周年纪念石为金饰。

图 6-17　黄金戒指

图 6-18　18k 玫瑰金戒指 18k 黄金戒指

二周年： 棉婚，形容婚姻像棉布一样，容易磨损但却舒适。结婚二周年纪念石为石榴石。

图 6-19　石榴石耳饰

图 6-20　石榴石耳饰

三周年： 皮婚，此时婚姻已经像皮革一样，稍有韧性，经得住磨砺。结婚三周年纪念石为珍珠。

图 6-21　珍珠耳饰

图 6-22　珍珠耳饰

四周年：丝婚，含义是两人间的感情就像蚕丝一样，你侬我侬，能够紧紧地缠在一起。结婚四周年纪念石为托帕石。

图6-23　托帕石耳饰

图6-24　托帕石耳饰

五周年：木婚，这时两个人之间的感情已经十分牢固。结婚五周年纪念石为蓝宝石。

图6-25　蓝宝石戒指

图6-26　蓝宝石戒指

六周年：铁婚，寓意夫妇感情如铁般坚硬永固。结婚六周年纪念石为紫水晶。

图6-27　紫水晶耳饰

图6-28　紫水晶项链

七周年：铜婚，含义是与铁相比更不会生锈，坚不可摧。结婚七周年纪念石为玛瑙。

图6-29　玛瑙项链

八周年：陶婚，含义是如陶瓷般美丽，并须呵护。结婚八周年纪念石为碧玺。

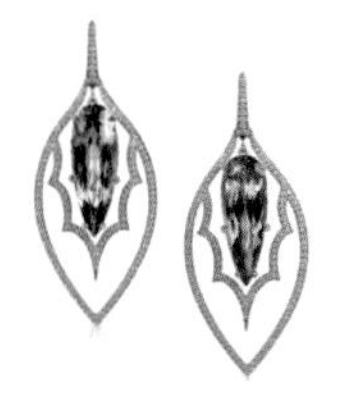

图 6-30　碧玺耳饰

图 6-31　碧玺耳饰

九周年：柳婚，含义是像垂柳一样，风吹雨打都不怕。结婚九周年纪念石为青金石。

图 6-32　青金石耳饰

图 6-33　青金石戒指

十周年：锡婚，含义是两人的婚姻就像锡器一样柔韧不易破碎。结婚十周年纪念石为钻石。

图 6-34　钻石耳饰

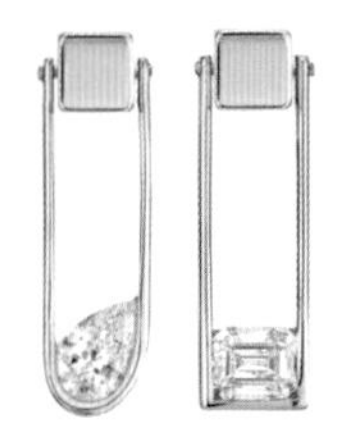

图 6-35　钻石耳饰

十一周年：钢婚，含义是夫妻感情如钢铁般坚硬，今生不变。结婚十一周年纪念石为绿松石。

图 6-36　绿松石耳饰

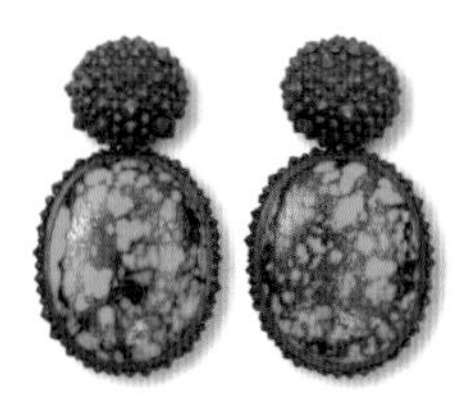

图 6-37　绿松石耳饰

十二周年：链婚，含义是像铁链一样，心心相扣。结婚十二周年纪念石为翡翠。

图 6-38　翡翠耳饰

图 6-39　翡翠戒指

十三周年：花边婚，含义是多姿多彩，多样化的生活。结婚十三周年纪念石为黄水晶。

十四周年：象牙婚，含义是时间愈久，色泽愈光亮美丽。结婚十四周年纪念石为欧泊。

图 6-40　黄水晶耳饰

图 6-41　欧泊戒指

十五周年：水晶婚，两人之间的感情像水晶一样晶莹透明并且光彩夺目。结婚十五周年纪念石为红宝石。

二十周年：瓷器婚，瓷器光滑无瑕但比较脆弱，十分易碎，寓意两人婚姻纯洁美好但是还需用心呵护。结婚二十周年纪念石为祖母绿。

图 6-42　红宝石耳环

图 6-43　祖母绿戒指

图 6-44　祖母绿戒指和耳饰

二十五周年：银婚，寓意着两人婚姻可以长长久久，同时这一年很值得庆贺。结婚二十五周年纪念石为银饰。

图 6-45　银耳饰

图 6-46　银耳饰

三十周年：珍珠婚，一起走过三十年很不容易，感情十分珍贵，有着岁月的温柔。结婚三十周年纪念石为珍珠。

图 6-47　珍珠耳饰

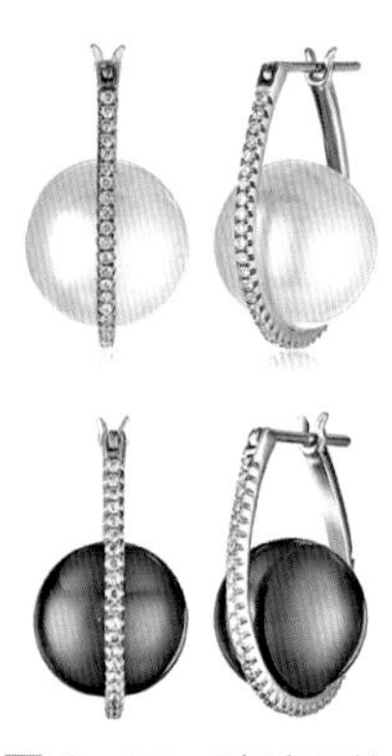

图 6-48　珍珠耳饰

三十五周年：珊瑚婚，含义是嫣红而宝贵，夫妻感情更加珍贵难得。结婚三十五周年纪念石为珊瑚。

图 6-49　珊瑚耳饰

图 6-50　珊瑚耳饰

四十周年：红宝石婚，含义是名贵难得，真爱永恒。结婚四十周年纪念石为红宝石。

图 6-51　红宝石戒指

图 6-52　红宝石戒指

四十五周年：蓝宝石婚，含义是珍贵灿烂，值得珍惜。结婚四十五周年纪念石为蓝宝石。

图 6-53　蓝宝石戒指

图 6-54　蓝宝石耳饰

五十周年：金婚，含义是婚姻恒久，令人羡慕，至高无上，婚后第二大庆典，情如金坚，爱情历久弥新。结婚五十周年纪念石为黄金。

图 6-55　黄金手链

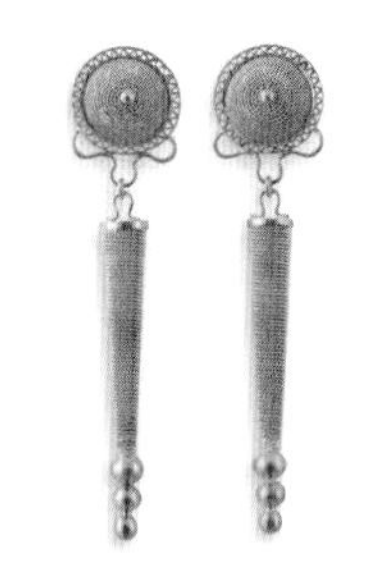

图 6-56　黄金耳饰

五十五周年：翡翠婚，含义是如翡翠玉石，人生难求。结婚五十五周年纪念石为绿宝石或变石。

六十周年：钻石婚，可以一起走过六十年，拥有长久的婚姻是一种幸福，希望可以共同走得更远。结婚六十周年纪念石为钻石。

图 6-57　变石戒指

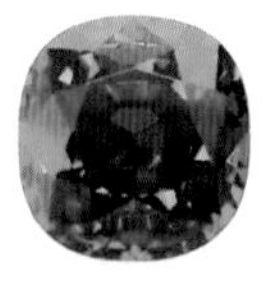

图 6-58　日光灯呈现绿色
白炽灯呈现紫色

图 6-59　钻石戒指

七十周年：白金婚，意思是夫妻感情如白金一样，不掺杂一点杂质，这一世的陪伴，白金来见证。结婚七十周年纪念石为白金。

图 6-60　白金戒指

图 6-61　白金戒指

CHAPTER 7

第七章 贵金属首饰

一、银饰

不管是精品店，还是小巷子，随处可见有人在售卖银首饰，还有人穿着苗族或藏族服饰卖银首饰。这种独具异域风情的银首饰很有特点，吸引着人们的目光。这些售卖的银饰品可以分为很多种类，包括藏银、苗银、纯银、泰银等。

图 7-1　银戒指

图 7-2　银戒指

图 7-3　银手镯

★足银、千足银

足银，指银含量达到 99% 的材料，千足银一般指含量达到 99.9% 的银材料。做成首饰后会打上印记：足银为 Ag990 或 S990 等，千足银为 Ag999 或 S999 等。

图 7-4　足银手镯

图 7-5　银饰品

★ *S925* 银

在日常生活中，由于纯银的硬度过低，在制作首饰或器皿时比较困难。为解决这一问题，国际上通常会采用一种含银量为 92.5% 和含铜量为 7.5% 的银合金来制作首饰。首饰材料的硬度得以增强，便于制作。此种材料会有印记为银 925、S925 或 Ag925 等。S925 是目前市场上银首饰的主要品类。

图 7-6　S925 银胸针

图 7-7　S925 银戒指

★苗银

苗银在苗族地区常被作为婚嫁用具，同时也是重要的首饰品。苗银原本指的是纯银，但现在的苗银主要成分是铜，含银量并不高。苗银的最大特点是纯手工制作并且没有印记，其图案精美漂亮，具有深刻的寓意。现在市场上常见的苗银饰品可分为以下三类：

1. 以黄铜为主的“苗银”：

即主要成分为黄铜，这种饰品主要分布在云南境内，也有部分其他银饰品通过其他渠道进入到当地市场。

2. 以白铜为主的“苗银”：

即主要成分为白铜，这种饰品主要分布在贵州省东南地区。其制作过程包括电镀、加蜡、上色等工艺处理，极具民族特色。

3. 以红铜为主的“苗银”：

即主要成分为红铜，红铜也叫紫铜，塑性极好，导电性和导热性良好，所以易于热压和冷压力加工。其硬度较低，直接经过捶打就能制成各种工具和装饰品。红铜主要用于制造要求材料导电性良好的产品，如电线、电缆、电刷等。

图 7-8　苗银

图 7-9　苗银

★藏银

现今市场上常见的藏银本质上是一种铜镍合金，也被称作白铜。但是传统上的藏银其实是 30% 的银加上 70% 的铜，含银量较低。藏银首饰是没有印记。

图 7-10　藏银饰品

★泰银

泰银其实指的是一种特殊的做旧复古工艺，含银量可为 92.5%、99%、99.9%，市场上多为 925 银，即含银量为 92.5%，纯度高的泰银较为少见。泰银也叫“乌银”，其经过了特殊处理，可以保持长时间不褪色，还可以增强其表面的硬度。这种工艺通常是把银、硫的混合物融化，并将混合物以玻璃质状态覆盖在银饰品上。银饰品表面的覆盖层呈乌黑的颜色以及疏松的质感，和白银的银白色和光洁的质感有很大的差别，视觉效果十分特别。泰银首饰印记为 Ag925 或者 S925。

图 7-11　泰银饰品

图 7-12　泰银饰品

★纹银

纹银的全称为“户部库平十足纹银”，是清朝法定银两标准成色，清廷规定缴纳钱粮等都以纹银为标准，其他银两均须按成色折合计算。纹银的纯度是 93.5374%。

图 7-13　纹银

清代云南记月五两牌坊银锭“冯世友号正月纹银”“富宝王记贰月纹银”“庆盛佘记叁月纹银”“郭源裕号肆月纹银”“恒泰任记伍月纹银”“吕鼎泰号陆月纹银”“永裕马记柒月纹银”“雷庆泰号捌月纹银”“刘应宝号玖月纹银”“通宝段记拾月纹银”“陈元昌号冬月纹银”“雷庆源号腊月纹银”全套十二枚

北京诚轩拍卖有限公司 2011 秋季拍卖会

二、黄金

黄金是最稀有、最珍贵和最被人看重的金属之一。黄金的化学符号为 Au，比重为 17.4，摩氏硬度为 2.5。黄金首饰是指以黄金为主要原料制作的首饰。根据黄金首饰的含金量可分为纯金和 K 金两类。

图 7-14　黄金戒指

图 7-15　K 金戒指

★纯金

纯金还被称为“九九金”“十足金”“赤金”，纯金首饰的含金量在 99% 以上，最高可达 99.99%。

图 7-16　黄金胸针

★ K 金

纯金硬度低、易磨损、花纹不够精巧、颜色单一以及价格高。通常会在纯金中掺入一些其他的金属元素，这样既可以增加首饰金的硬度，还可以变换色调并降低熔点，这些成色高低有别、含金量不同的金合金首饰，被称为“Karat Gold”。K 金制是国际流行的黄金计量标准，K 金还被赋予了准确的含金量标准，因而形成了一系列 K 金饰品。

K 金饰品的特点是用金量少、成本低，又可配制成各种颜色，且提高了硬度，不易变形和磨损。K 金按含金量分为 22K 金、18K 金、14K 金、9K 金等，我国市场上最多见的是“18K 金”。

★黄金的“新时代”—— 3D 硬金

3D 硬千足金又叫作 3D 硬金，纯度也为千足金。3D 指 three-dimensional，意为三维图形。3D 硬金不同于传统千足金首饰，传统千足金首饰硬度低、易磨损、不易保持细致花纹的缺点，而 3D 硬金的硬度高，所以耐磨性强。

3D 硬金工艺所制作出的首饰具有“个大金轻”的效果，即同体积大小的 3D 硬金饰品重量仅为传统千足金的三分之一，3D 硬金首饰在不同位置采用不同工艺，部分抛光，部分磨砂，层次清晰，立体感强，时尚可爱，受到了不少年轻人的热捧。

三、18K 金

将纯金分为 24 份，根据在首饰中的黄金含量分成不同种类的 K 金，即 24K 是指纯金，18K 含黄金量就是 18/24=75.0%，由于 18K 金含金量是 75.0% 所以又称 750。其余 25% 为其他贵金属，包括铂、镍、银、钯金等。18K 金是造价较低而且佩戴较舒适的一种金饰。

★颜色丰富

在 18K 金中其他种类的金属占有 25%，可将其制作成各种不同的颜色，如白色、黄色、玫瑰红色。

各种不同颜色的 18K 金，所含的金属含量不同。

18K 蓝色 K 金：75% 黄金 + 铁（适当）

18K 黑色 K 金：75% 黄金 + 浓铁

18K 紫色 K 金：75% 黄金 + 铅

18K 黄色 K 金：75% 黄金 + 镍 + 银 + 锌

18K 玫瑰 K 金：75% 黄金 + 铜 + 银 + 锌

18K 白色 K 金：75% 黄金 + 银 + 镍 + 铂 + 锌或 75% 黄金 + 钯，呈略带青黄的白色

图 7-17　K 金颜色

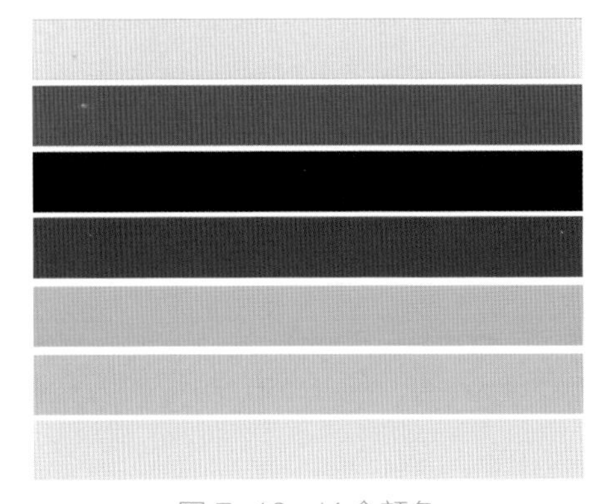

图 7-18　K 金颜色

★对比铂金，18K金镶嵌钻石的优点

镶嵌钻石的材质通常为18K金和铂金两种，以18K金最为常见，这是因为18K金与铂金相比，硬度和韧性更高，回收便利，颜色持久，价格较低。

1. 硬度和韧性较高。这个特点使18K金便于雕刻，能够被设计和制作成更为精巧、细致且坚固的首饰。市场上，18K金首饰的款式比铂金的丰富得多。

2. 18K金回收便利。很多金店都回收18K金，消费者可通过这种方式以旧换新，或者改款。但是市场上很少有回收铂金首饰的渠道。

3. 18K金的颜色更具持久性。为增强光亮和白度的美感，通常会在铂金首饰表面镀上一层薄薄的金属铑。长时间佩戴后，镀铑层易受磨损，白度也会降低，但是18K金却不会出现这种情况。

4. 18K金价格较低。因为18K金的含金量为75%，其他组成成分为金属铜及其他金属，所以价格较低，但是性能却不比铂金或者黄金的差。

四、铂金

铂金（Platinum）俗称白金，具有金属光泽，延展性好，纯白金比黄金还要稀有，受到很多人的喜欢。古今中外许多珠宝商都喜欢利用铂金来镶嵌宝石。铂金低调的颜色和质感的光泽代表了一个人的品味。

★铂金PK白K金

有人常常会把铂金(Platinum)与白K金(White Gold)搞混。建议

在购买时，确认首饰上是否有“铂”或英文“Pt”的字样。铂元素的产量十分稀少，价格也比白 K 金高出许多。铂的抗氧化较强，因而以铂金为材料制作的首饰耐久性很好。首饰上铂的标识是根据纯度进行区分的，如标识上常见 Pt950、Pt900，代表了铂的纯度为 950‰或 900‰。

★铂金为什么比黄金、白 K 金价格高

铂金价格高是因为其提炼困难，产量稀少，而且制作要求高。铂金熔点为 1768℃，黄金为 1065℃，白 K 金为 962℃，铂金的高熔点增加了提炼的难度；铂金的年产量约为黄金的 1/20，产量稀少；同时由于铂金本身的性质，处理铂金所花费的时间和精力要比处理黄金及白 K 金更多。

★铂金、黄金、白 K 金的质感比较

在市场上，大部分的消费者常常因为铂金与白 K 金都是白色的，而不知如何分辨铂金及白 K 金。铂金的白色是其本身的颜色，不会因长时间佩戴而改变颜色；而白 K 金的主要成分为黄金，未电镀前呈微黄色，其颜色会随时间及使用方式而改变；铂金的比重比黄金、白 K 金大，佩戴在身上的感觉，是其他贵金属所无法比拟的。

图 7-19　铂金标识

★如何认明铂金饰品

在国际上，铂金的标识方式由铂和数字共同组成，数字表示铂含量的千分数，如含铂量千分数达到900或950，则表示为Pt900、Pt950，当达到999.9时，表示为Pt1000。但是Pt1000太柔软，不宜加工，在国际上多用Pt900或Pt950加工制作成品或镶嵌宝石。购买铂金饰品时，注意是否有“Pt”的标志。人们常用铂金搭配钻石，这样钻石的色调可不受影响，而且美观实用。

★铂金的运用

铂被称为“贵金属之王”，具有良好的导电性，并且不易氧化，在现实生活中，用途相当广泛。例如，医学临床上的心脏起搏器就由铂制作；航天工业中各类零件的主要部分都是由铂制作；而且信用卡也用铂金来象征着个人的特殊地位。

五、贵金属印记解读

金银首饰上一般都会有印记，这些印记常常被用来代表构成首饰材质中金银等金属的含量。

★黄金首饰

足金：指首饰中黄金含量不小于990‰，通常标记为“足金”“金990”“G990”“Au990”。

千足金：指首饰中黄金含量不小于999‰，通常标记为“金999”“G999”“Au999”。值得注意的是，在我国2016年修改的国家标准《首饰 贵金属纯度的规定及命名方法》中规定，不可再使用“千足金”

命名。

K金：即彩金，指含金量从8K到24K的贵金属，其中1K的金属材料含金量约为4.1666％。

小贴士

18K白金是K金的一种，与铂金不同。在购买首饰时，一定要看清标记。

★白银首饰

足银：指含银量不小于990‰的首饰，可标记为“足银”“Ag990”或“S990”。

925银：指含银量不小于925‰，可标记为“银925”“S925”或“Ag925”。

图7-20　S925银标识

小贴士

市场上较为常见的是足银和S925银。但爱马仕品牌研制出一种抗氧化的银材质，并命名为“925+”，申请专利。

★铂金首饰

足铂金：铂含量不小于990‰的称为铂金，标记为“足铂”“Pt990”“铂990”。

图 7-21　铂金 990

950 铂金： 铂含量不小于 950‰的铂金，标记为“Pt950”“铂 950”。

图 7-22　铂金 950

900 铂金： 铂含量不少于 900‰的铂金，标记为“Pt900”“铂 900”。

图 7-23　铂金 900

850铂金：铂含量不小于850‰的铂金，标记为“Pt850”“铂850”。

图7-24　铂金850

小贴士

钯金与铂金类似，易和铂金混淆。钯金的金属符号为Pd，其后也会加上表示钯含量的数字，比如Pd950，表示钯含量不小于950‰。两者完全不同，价格也相差甚远。

★其他首饰

镀金：首饰本身的主要材质并非金，而是银或铜，并在其表面电镀一层极薄的黄金，标识符号为“GP”或“KP”。

包金：是指将金箔包在银、铜等金属材料的表面，使其看起来有黄金的感觉，标识符号为“KF”。

锻压金：和包金工艺类似，指在高温高压下，将金箔压在其他金属毛坯表面上。这种材质具有硬度高、不易磨损的特点，标识符号为“GF”或“KGF”。

铂铑合金： 在当今市场上，这种材质比较少见，一般标识符号为“PtRh5”“PtRh10”“PtRh13”“PtRh30”“PtRh40”等。

小贴士

镀金首饰在市场上越来越流行，需要注意的是“银镏金”“铜镏金”等也用镀金或包金的标记符号，购买时要格外注意。

CHAPTER 8

第八章

珠宝首饰的保养

由于珠宝首饰材质的特殊性及高价值性，需要在日常生活中注意保养，必要的时候进行清洗。否则，可能因为不恰当的佩戴而失去其美丽的色彩。同时，在佩戴某些贵重宝石首饰或者半宝石首饰时，需要注意的地方就更多了。

一、佩戴时的呵护

图 8-1　佩戴首饰注意事项

★避免在做饭时或者剧烈运动时佩戴

有些宝石含有结晶水，做饭时产生的高温可能会导致宝石失水，从而导致宝石失色、开裂，如绿松石。还有一些多孔的宝石，如珊瑚、珍珠等，这些宝石吸收汗水时会变色，所以要尽量避免在剧烈运动时佩戴。

★做粗重工作时不戴

在做粗重工作时，请不要佩戴宝石首饰。虽然成为宝石的一个必要的条件是耐久性，但是并不意味着它们可以抵抗做重活时可能遇到的强力冲击，所以还需小心佩戴。有些宝石内部本身就存在裂纹，或者含有大量包裹体，如祖母绿；有些宝石虽然硬度很高，如翠榴石（摩氏硬度为 7~8），但是脆性大，易崩口，所以佩戴时需十分谨慎，避免碰撞。

★游泳时不戴

在游泳时，有些宝石的吊坠由于挂绳泡水散落，可能会造成首饰丢失、碎裂；同时游泳池的水中含有消毒剂，某些首饰的金属部分可能会被氯腐蚀，如银制部分可能会氧化变黑，所以在游泳时尽量摘下首饰。

★避免接触香水、发胶等有机溶液

香水、发胶等中含有的化学有机物质易使琥珀等有机宝石失去光泽，喷香水或者发胶时应该取下来。

★避免强烈的热量和阳光直射

有些宝石本身含有水分，如果失水，就会影响其美观性和耐久性，如欧泊，所以佩戴时避免太过接近或者频繁使用电吹风、电暖气等有强风力或者强热量的电器，保存时要避免阳光直射。

二、清洗时的细心

1. 不同材质的首饰清洗大有不同，虽然首饰清洗剂对大部分的宝石是无伤的，甚至还会给首饰增靓，但有些宝石在清洗时应要避免使用首饰清洗剂，如绿松石、欧泊、珍珠等宝石。

2. 选择清洗材料要慎重，强酸、强碱等化学试剂不宜做清洗材料，因其会影响首饰金属部分光泽，并且有的宝石本身就不可接触强酸强碱这些化学物质，如刚玉、琥珀、蜜蜡、珍珠等。

3. 清洗内涵物较多、有裂纹、性脆或硬度低的宝石时，切忌使用超声波机清洗，以免宝石受损或碎裂。

4. 可以选择性质温和的肥皂和软毛刷自行清洗，切忌选择具有磨蚀性的材料进行清洗，如牙膏；清洗时要注意塞住水盆下水口或用大容器装首饰，避免滑落。

三、收藏时的用心

各类首饰在不佩戴时，要单独放置在相互隔开的内壁柔软的首饰盒内，切忌胡乱放置。因为各种宝石的硬度不同，乱放会导致相互间产生摩擦，以致损坏首饰。

四、意外时的精心

经常佩戴的珠宝首饰最好定期检查，一般为每月一次。检查时，主要查看宝石磨损的程度、金属爪端是否有松脱现象、挂绳是否有磨损现象。如果镶嵌的宝石有松动或挂绳磨损，建议摘下进行修理。

体重增加可能会导致戒指或手镯难以取下，可尝试借助肥皂、护手霜等润滑剂摘下。如过紧，手指或手腕已经肿胀发紫，可向珠宝商求助，他们拥有丰富的经验和专业的切割工具，在不伤及手指或手腕的情况下顺利将其取下，并且切断的首饰可以重新焊接。

参考文献

[1] 郭颖. 观赏石 [M]. 北京：地质出版社，2009.
[2] 郭颖. 玉雕与玉器 [M]. 北京：地震出版社，2007.
[3] 郭颖. 翡翠收藏入门百科 [M]. 长春：吉林出版集团有限责任公司，2007.
[4] 郭颖. 时尚收藏——翡翠 [M]. 长春：吉林出版集团有限责任公司，2008.
[5] 郭颖. 宝石与玉石 [M]. 北京：地质出版社，2012.
[6] 郭颖. 翡翠鉴藏 壹~肆 [M]. 北京：印刷工业出版社，2011.
[7] 郭颖. 观赏石收藏鉴赏指南 [M]. 北京：北京联合出版公司，2014.
[8] 郭颖. 宝石鉴赏与投资 [M]. 北京：印刷工业出版社，2012.
[9] 郭颖. 玉器图鉴——玉器鉴赏与选购 [M]. 北京：化学工业出版社，2012.
[10] 郭颖. 中国珠宝玉石收藏鉴赏全集 [M]. 长沙：湖南美术出版社，2012.
[11] 郭颖. 翡翠图鉴——翡翠鉴赏与选购 [M]. 北京：化学工业出版社，2011.
[12] 郭颖. 珠宝鉴定 [M]. 长春：吉林出版集团有限责任公司，2010.
[13] 郭颖. 翡翠鉴定 [M]. 长春：吉林出版集团有限责任公司，2010.
[14] 郭颖. 珠宝玉石收藏鉴赏指南 [M]. 北京：北京联合出版公司，

2015.

[15] 郭颖. 翡翠鉴赏与收藏 [M]. 北京：印刷工业出版社，2013.

[16] 张蓓莉. 系统宝石学 [M]. 北京：地质出版社，2006.

[17] 王建行. 坦桑石的独特魅力 [J]. 中国宝玉石，2012,(1): 58-59.

[18] 郭颖，张钧，莫韬. 基于 CIE 1976 Lab 的翡翠绿色明度的质量评价 [J]. 硅酸盐通报，2010，560-566.

[19] 田莉，郭颖. 均匀色空间下红宝石颜色定量分级 [J]. 硅酸盐通报. 2016，551-555.

[20] GB/T 16552-2010，钻石分级 [S]

[21] GB/T 16552-2017，珠宝玉石名称 [S]

[22] 中国彩色宝石网.《变石》[EB/OL]. http://www.colored-stone.com.cn/xueyuan/xueyuan_content/398/140.html

[23] 王欢，马志飞.《揭开钻石的神秘面纱》[EB/OL]. http://paper.people.com.cn/rmzk/html/2016-12/20/content_1737226.htm，2016.

[24] 鑫玉.《宝玉石的别称一览表》[EB/OL]. https://mp.weixin.qq.com/s?__biz=MzA4NTU1NzcyMg==&mid=200711235&idx=1&sn=72278f284bc31230f3b5978bcfb215cd&scene=2&from=timeline&isappinstalled=0#wechat_redirect，2014-09-15.